世界の美しい街の美しいネコ

完全版

小林 希

CHAPTER 03

ヨーロッパ3

クロアチア／ボスニア・ヘルツェゴビナ
セルビア／コソボ／ルーマニア
ハンガリー／チェコ／リトアニア

CHAPTER 07

アジア

ベトナム／フィリピン／タイ／マカオ
香港／台湾／ロシア／日本

ブックデザイン　米倉英弘、鈴木あづさ
（細山田デザイン事務所）
印刷・製本　シナノ書籍印刷

CHAPTER

01

ヨーロッパ1

Spain スペイン
Portugal ポルトガル
France フランス
Luxembourg ルクセンブルク
Netherlands オランダ
Germany ドイツ

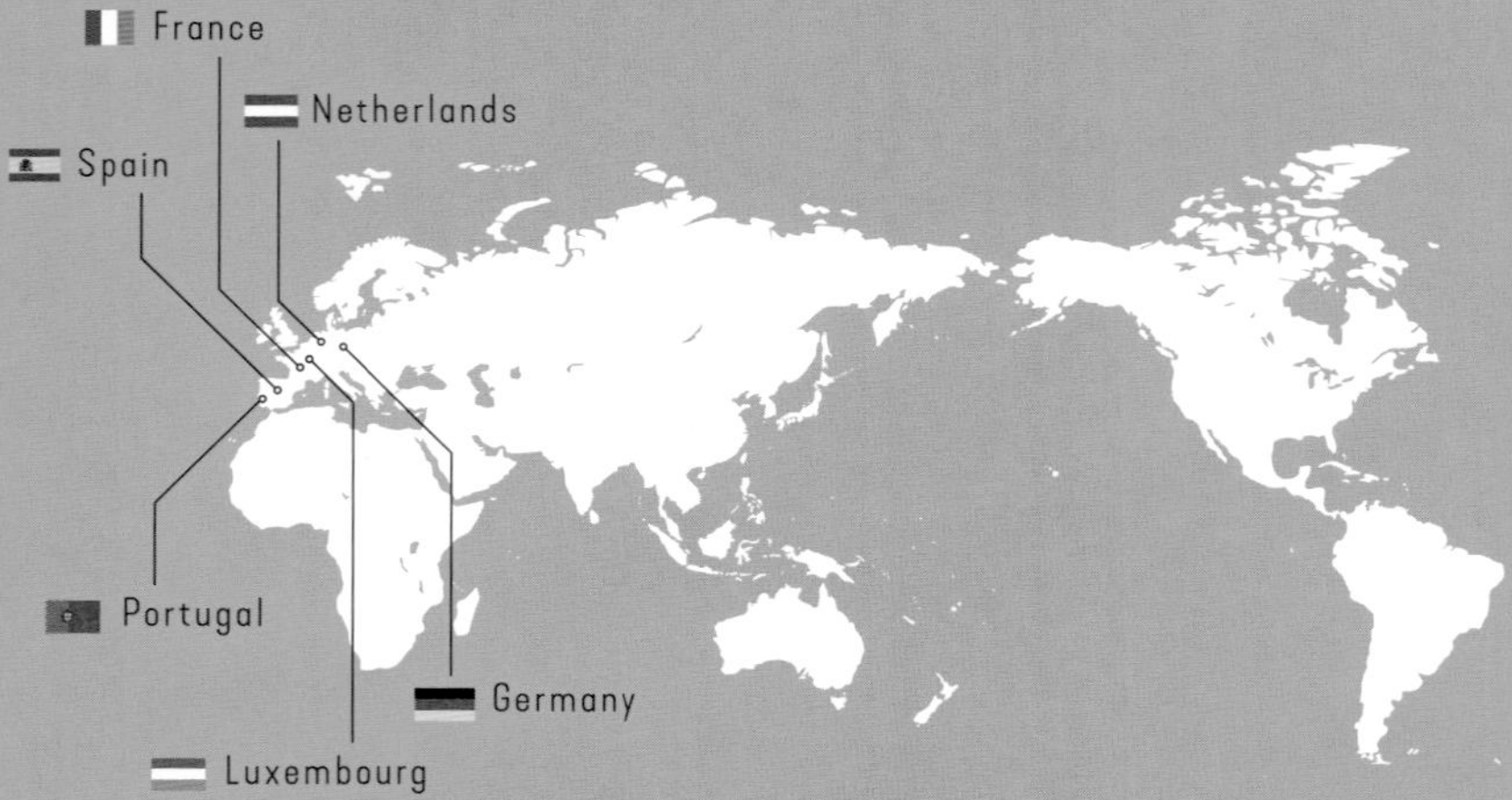

太陽が沈みゆく、世界の果て。

日本からはるか遠いユーラシア大陸の西部は、ヨーロッパの列強国が大陸を分け合っている。多様な民族や宗教によって重層的に歴史が刻まれたとても魅惑的な地域だ。どの国も、近代化の過程でしなやかに姿を変えつつ、できる限り中世のままの姿を保存しようとする街もまた多い。その街並みは重厚で、壮麗な佇まいの建造物の一つひとつに圧倒される。都市と郊外の田舎町では雰囲気も異なる。

旅をしながら町をさまよい国境を越えていけば、「街並みは似ていようが、一つとして同じものはない」と知ることができた。同時に、ホッと心癒されるのは、あちこちで出会う猫たちの存在だった。彼らは孤高で、自由で、したたかに生きている。そして、路上や川べり、あるいは民家の前でくつろぐ猫たちは、よくわかっている。

カメラを向ける私にいつも語りかけてくるのだ。

「ねえ、僕らがいる街並みだからこそ、美しいんだと思わない?」と。

01

グラナダ（スペイン）

悠久の歴史が築いた アンダルシアの古都

Route From Japan

飛行機
（乗り換え2回）
↓
バス

合計	20hour
必要日数	5Days
Hotel	有

※ 2019 年 8 月時点の情報。
すべて目安です。
トランジットの時間は
省いています。

グラナダの街を一望する猫

アルカサバ前の広場、早朝は猫の自由時間

いにしえから続く朝の儀式

アンダルシア地方の古都グラナダ、栄枯盛衰の歴史のなかでつくられた白く美しい家並みが旧市街に連なる。小高い丘の上には、イスラム建築の最高峰と讃えられるアルハンブラ宮殿が圧倒的な異彩を放つ。スペインを代表する世界遺産である。

朝7時頃、宮殿の西側にある、イスラム王朝の要塞だったアルカサバへと足を運ぶと、その手前の広場が猫の楽園だった。まだ人の少ない時間帯で、猫は我が物顔で広場を走り回り、ぴょんと飛び乗った塀から、美しいグラナダの街を見下ろす。それは、いにしえから続く、猫の朝の儀式のようにも映る。ここに居着いてきた猫たちは、長い歴史の一瞬一瞬を見届けてきたのだろう。日中になり観光客が増えると、猫たちの気配は消えるどころか勢いを増した。世界中の「猫好き」たちから、ご飯をもらうことに奔走していた。

CAT Data

遭遇率

アルカサバ手間の公園は猫だらけ

なつこい度

ご飯をもらい慣れている

堂々度

各々個性的に活動している

おっとり率

早朝より午後がおっとり

観光客にご飯をおねだり
する甘えん坊猫

02

フリヒリアナ（スペイン）

スペインで もっとも眩い白亜の街

白い街中の階段でぐっすり眠る猫。
穏やかな時間が流れる

Route From Japan

飛行機
(乗り換え1回)

バス
(乗り換え1回)

合計 **18.5**hour

必要日数 **5**Days

Hotel 有

猫がいるホテル「ラ・ポサダ・モリスカ」のテラスでくつろぐ猫たち

白く輝く眩い街にとけこむ猫

アンダルシア地方のリゾート地マラガから地中海沿岸をバスで移動して、少し山側へ入ったところに、「スペインでもっとも美しい村」の一つに選ばれたフリヒリアナがある。夏の太陽は日差しが強く、白い街は眩いばかりに煌めく。カラフルな家の扉や軒下に吊り下げられたアンティークなランプが白い街に映えて、可愛らしい。

旧市街にあるエル・ミラドール（展望台）というカフェのテラスからは、オレンジ色の屋根瓦をかぶった美しいフリヒリアナの家並みが一望できる。観光客が足を止めるイチオシの場所だ。それだけ

カフェ「エル・ミラドール」の前で
黒猫さんと出会う

でなく、カフェの入り口には猫ハウスがあり、もう一度足が止まる。よく見ると、視界の先に、猫たちがのんびりとくつろいでいた。やがて、夕暮れとともに、街はピンク色に染まると猫は存在感を露わにし、活発に動きはじめた。

CAT Data

遭遇率

カフェ「エル・ミラドール」前にいる

なつこい度

近づいても逃げない猫が多い

堂々度

観光客がいても動じないようす

おっとり率

のびのび過ごしている

03

サンティリャーナ・デル・マル（スペイン）

巡礼者を迎える 穏やかな田舎町

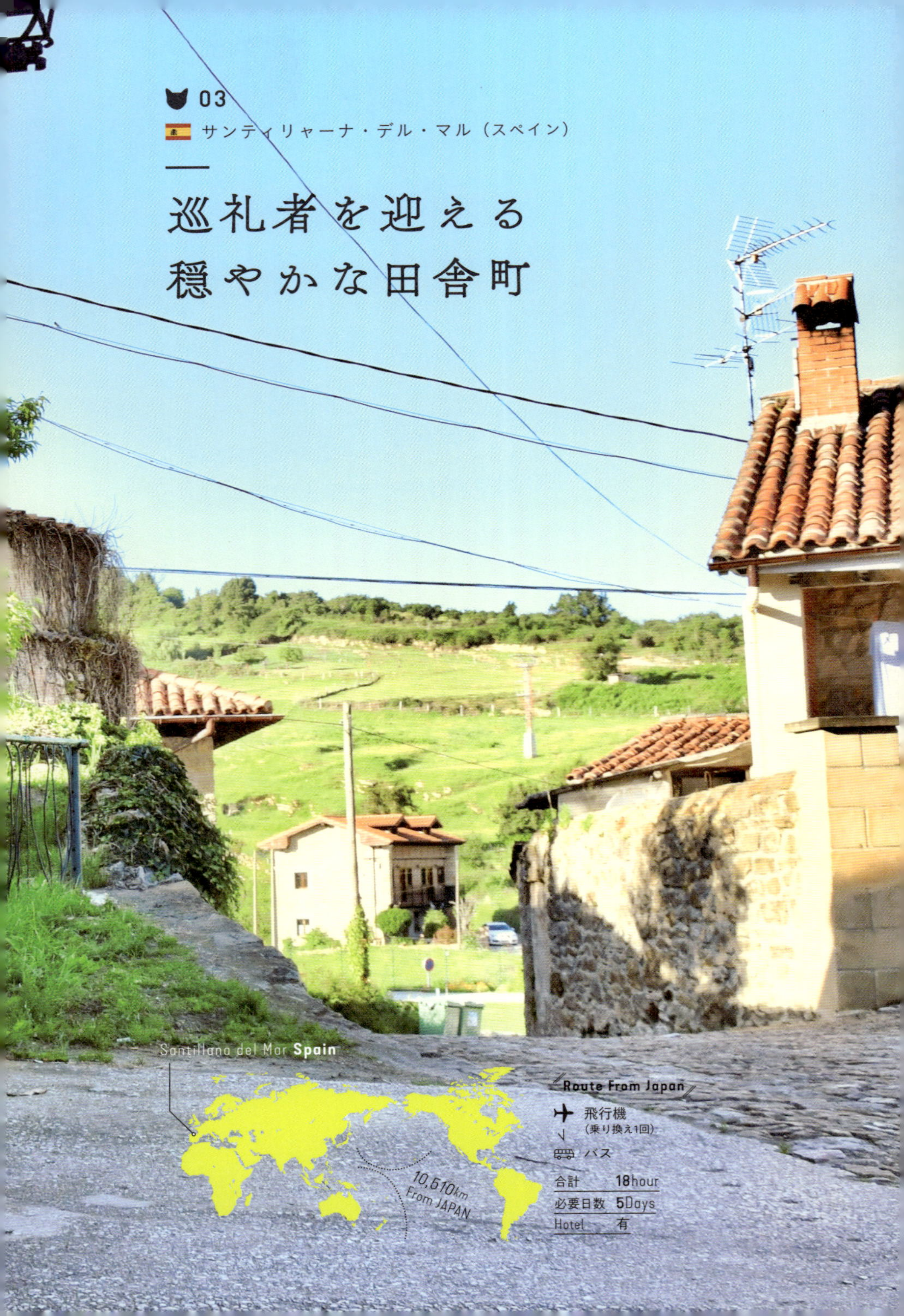

Route From Japan

飛行機
（乗り換え1回）

バス

合計	18hour
必要日数	5Days
Hotel	有

美しい村に溶け込むおっとり
したキジトラ猫

巡礼の街で旅人を迎える猫

スペインのフランスとの国境に近いバスク地方の西側に、カンタブリア地方の州都サンタンデールがある。その郊外にあるのが中世、サンタ・フリアナ修道院を中心に形成された小さな村、サンティリャーナ・デル・マルだ。田園が広がる小さな村には、14～18世紀の建造物が数多く保存され、石畳が広がる。エルサレム、バチカンとともにキリスト教の三大巡礼地、サンティアゴ・デ・コンポステーラへの巡礼路に位置し、多くの巡礼者が立ち寄る静かな村で、「スペイン北部でもっとも美しい村」と呼ばれる。

　宿の主人いわく、村にいる猫は「ムーチョ（たくさん）」。石畳をとことこ歩く猫や木陰でじゃれ合う仔猫たちと頻繁に出会う。ある民家の前に来ると、私を出迎えるように佇む猫の姿があった。小径の遠方に広がる田園の緑色、優しい空の青色、穏やかな太陽の光がふんわりと猫のいる世界を包み込んでいた。

それぞれが村の中でマイペースに
過ごしている

村で生まれたかわいい仔猫の
トリオ。とっても元気！

CAT
Data

遭遇率

小さな旧市街でたくさん猫の姿をみる

なつこい度

まあまあ人馴れしている程度

堂々度

人と目が合うとそわそわする

おっとり率

野生的な猫も多い印象

04

オビドス（ポルトガル）

色使いが可愛い城壁に囲まれた旧市街

Route From Japan

飛行機（乗り換え1回）
↓
バス（乗り換え1回）

合計	17.5hour
必要日数	5Days
Hotel	有

オビドス猫とツーショットを撮ってもらった

アクセントカラーが映える街の監視猫

アズレージョ（ポルトガルの伝統的な装飾タイル）が美しいポルタ・ダ・ヴィラという城門を抜けると、石畳の続く道沿いに、外壁の腰部分をシックな赤、黄、青の色を塗った白い家並みが続く。リスボンからバスで1時間ほどの小さな街オビドスは、街そのものが一冊の絵本のようだ。アーティスティックな世界観を醸し出している。旧市街をぐるりと囲う城壁の上は歩くことができて、沈みゆく夕陽を眺めるのに最高の場所だ。旧市街の人通りが賑やかな道には、コルク製品や陶器、さくらんぼの果実酒などが売られている。そこを行き交う観光客をじっと観察している猫がいた。

私と目が合うとちょこっと頭を撫でさせてくれたあと、「潮時かな」というふうに人気の少ない民家のほうへと帰っていった。あの猫はどの色の家に帰っていくのだろう。

CAT Data

遭遇率 ●●○○○

観光地の旧市街でも出会える

なつこい度 ●●○○○

人馴れしているが素っ気ない

堂々度 ●●●●○

人間より堂々と居座っている

おっとり率 ●●●○○

人間に邪魔されるとすぐ移動

メイン通りから静かな通り
へ去っていった

05

モンサラーシュ（ポルトガル）

大平原の丘に立つ静かな村

ホテル「スタラジェム・デ・モンサラーシュ」の猫スタッフ

沈黙を守る猫たちの足音

ポルトガルのアレンテージョ地方、ここの広大な平原にある丘の上に「沈黙の音が聞こえる村」と呼ばれるモンサラーシュがある。30分もあれば踏破できるほどの小さな村で、石畳の道と白い家並みは中世の頃のままだ。村の闘牛場からは、スペインとの国境である湖が望める。

ここで一泊した。そこは、猫がいる宿だった。日中、ささやかに賑わった観光客は日帰りツアーなのかほとんどいなくなる。夕暮れがきて、平原の向こうに太陽が落ちると、やがて沈黙が訪れた。部屋から宿の庭をのぞくと、猫が音を立てずに歩き回っていた。「沈黙を破ることなかれ」という猫なりの意志を感じる。翌朝、チェックアウトの担当をしていたのは猫。「よい旅を」と挨拶をくれて、そのまま眠ってしまった。

ホテルのお庭にいた猫

Route From Japan

飛行機（乗り換え1回）
→ バス
→ タクシー

合計	19hour
必要日数	5Days
Hotel	有

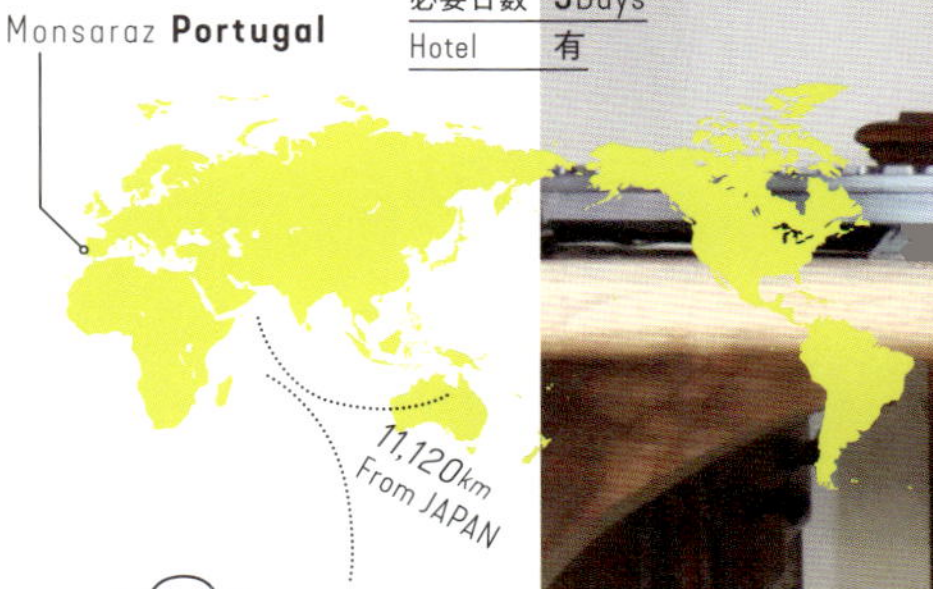

CAT Data

遭遇率
●●●●○
村の中や宿猫に出会える

なつこい度
●●●○○
人間が大好きな猫も多い

堂々度
●●●○○
我が物顔で村を出歩く

おっとり率
●●●○○
せわしなくご飯をねだる猫も

06

ニース（フランス）

元気いっぱいの太陽と出会える街

雨上がりの空とお話する中庭の猫

南フランス、プロヴァンス地方にある、青い地中海と大きな太陽が眩しいコート・ダジュールのニース。地中海は太陽や雲の動き、朝夕といった時間の移り変わりなど、地球の営みによってさまざまな景色を見せてくれるが、ニースではそれが一層美しく見える。小石の浜に、欧米人がこぞって日焼けする最高のバカンス地だ。マルク・シャガールやアンリ・マティスといった画家の美術館や、古き良き街並みの旧市街、花や魚の市場、混み合うレストランなど多彩な顔ももち、訪れる人を飽きさせない。

一方で雨の日は、ホテルでゆっくり過ごすのもいい。近くのマルシェで買ったサラダやパン、チーズ、ハムを部屋で食べながら、雨上がりを待ってホテルの中庭を軽く散歩する。すると、雨上がりを待っていたのはホテルの看板猫たちも一緒だった。人間よりもいち早く外に出て、雨上がりの空とお話していた。もうすぐきっと、ニースらしい元気いっぱいの太陽が出てくるのだろう。

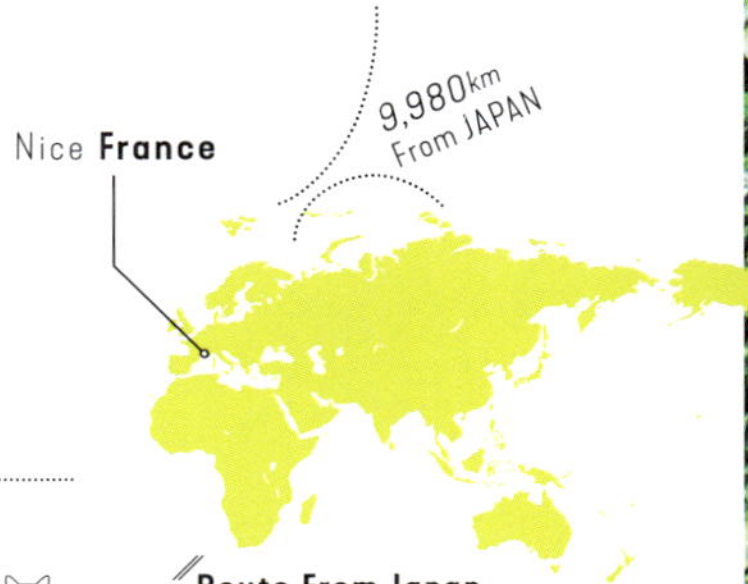

CAT Data

遭遇率

街中はまったくいないが、民家やホテルに住み着いている猫はいる

なつこい度

人間と暮らしている猫らしく、甘えん坊

堂々度

旅人の私よりもずっと堂々としている

おっとり率

ぼーっと、じーっとしていてマイペース

Route From Japan

飛行機
(乗り換え1回)

合計	14hour
必要日数	4Days
Hotel	有

ホテル「VICTORIA」と猫のビクトリア

蒼い地中海と美しい街並みを
見下ろす一軒家で暮らす猫

07

ロクブリュヌ・カップ・マルタン（フランス）

ル・コルビュジエが愛した安らぎの街

Route From Japan

飛行機
（乗り換え1回）

↓

バス

合計	15.5hour
必要日数	5Days
Hotel	有

古城へと続く花の散る小径で思いっきりストレッチ中の猫

静かな旧市街で、猫がひっそり身を隠していた

しっかり者な案内猫

フランスとイタリアとの国境の街マントンとモナコとの間に位置する住宅地。そこに近代建築の巨匠ル・コルビュジエが愛妻のために建てた「ル・キャバノン」＝休暇小屋と名付けられた家がある。世界中で建築を手がけたのちに自分たち夫婦のためにつくった家はとても簡素な小屋のような家だ。街の丘の上には、12世紀の古城がある。そこへ至るには長い階段が続くのだが、階段をのぼりはじめると猫が待っていた。

随所にピンクの花の咲き誇る階段を一緒にのぼる。猫が先で、まるで案内役のようだ。猫が後ろを振り返り、ニャーというので、私も振り返ってみる。すると、キラキラと宝石のように輝く青い地中海が広がり、眩しい光が私の顔にもあたった。視界を下げると美しい旧市街が佇んでいる。

なるほど、ル・コルビュジエもきっと、ここなら夫婦が一緒に安らげると感じたのではないか。この景色を見過ごすわけにはいかないと奮闘する、なんてしっかりした案内猫なのだろう。

CAT Data

遭遇率

古城へつづく道にたくさんいる

なつこい度

人間が好きでついてくる猫も多い

堂々度

基本的に人間を怖がらない

おっとり率

のんびりと昼寝したり、毛繕いに勤しむ

教会の裏でピンクの花びらの散る
道にいた美しいハチワレ猫

08

ローテンブルク（ドイツ）

絵本の国から飛び出した中世の街

Route From Japan

飛行機
（乗り換え1回）

地下鉄

電車

合計	15.5hour
必要日数	5Days
Hotel	有

おとぎの国で出会った可愛らしい猫たち

おとぎの国へ誘う猫

ドイツ南部のフランクフルトからミュンヘンまでをつなぐロマンチック街道。街道の途中に中世のままの面影を残した小さな村が点在する。ローテンブルクもその一つだ。フランクフルトからロマンチック街道を車で約2時間半走ったところにあり、とくに街並が印象的。市庁舎の上から眺める光景は、おとぎの国を俯瞰しているかのようだ。中世に魔法をかけられたまま、ピタッと時が止まっている。

　街歩きをしながら、猫たちともたくさん出くわした。おとぎの国に溶け込む猫は、まるで言葉を話しそうな気配すらある。

　あるとき、猫が教会の裏庭にいた。緑に満ちた庭はピンクの可憐な花びらが道をつくり、その先に猫がちょこんと座っていた。目が合えば、不思議の国のアリスのうさぎのように、異空間へと導いてくれそうだ。

CAT Data

遭遇率	なつこい度	堂々度	おっとり率
●●●○○	●●●○○	●●●●○	●●●◐○
民家の猫と外出中に遭遇	写真を撮らせてくれる猫が多い	猫たちも人間と思っていそう？	マイペースな猫たちが多い

窓から外を眺めていたある家で
暮らす猫さん家族

09

フュッセン（ドイツ）

孤高の城に見守られる静寂な街

Fussen **Germany**

9,480km From JAPAN

Route From Japan

飛行機
（乗り換え1回）

電車
（乗り換え1回）

合計	14.5hour
必要日数	4Days
Hotel	有

雄大なアルプス山脈を背後に、
牧場を歩くおばあちゃん猫

あるホテルのお庭で出会ったふわふわ猫

アルプス麓の農家で23年暮らす老猫

シンデレラ城のモデルとなったと言われるノイシュヴァンシュタイン城があるフュッセンは、ドイツのロマンチック街道にある村の一つだ。バイエルン地方で最も標高が高いところにあり、春先でも凛と冷たい空気が街を漂う。旧市街は中世のままの美しい形をとどめている。

ノイシュヴァンシュタイン城の麓に広がる広大な牧場を訪れると、23歳の老猫がいた。まだ吐く息が白くなるほどの寒さのなか、ぐっすりと眠っていた猫は、うーんと伸びをする。その後、馬が放牧された牧場へと歩きだした。眼前は雄大なアルプス山脈が広がる圧巻の光景だ。この贅沢なスケールの絶景を前にしても、老猫にとっては、ただ長年の日課をこなしているだけ。ゆったり、ゆったりと散歩していた。

CAT Data

なつこい度 ●●●○○
この老猫はとても人懐こい

遭遇率 ●○○○○
寒い時期はなかなか外で出会わない

おっとり率 ●●●●○
おばあちゃんなので、とてもおっとり

堂々度 ●●●●●
自分がこの牧場の主人だと思っている?

10

アムステルダム（オランダ）

水と光が 生み出した瀟洒な街

Route From Japan

飛行機
（乗り換え1回）

合計	12hour
必要日数	4Days
Hotel	有

アパートの中庭は猫の楽園。いろいろな表情の猫に出会える

窓辺で毛づくろいに勤しむ猫

光の街で、猫と人が浮き立つ短い夏

水の都に夏が訪れると、街中は光に包まれるかごとく華やかさをまとう。日中の柔らかな日差しが心地よく、運河沿いで短い夏を楽しむ地元の人たちは嬉しそうだ。モダンとクラシックを融合させた街並みは、歩くだけでも十分旅情に駆られる。アンネ・フランクの家があるヨルダン地区を歩いていると、カルトホイザーホーフという建物の前に、猫がいた。中から観光客と思しき人が高揚感を露わに飛び出てきたので、好奇心に駆られて入ってみる。トンネルのような入り口を抜けると、パッと中庭が広がり、それを囲うように素敵な煉瓦づくりのアパートが建っていた。中庭で、ベンチに腰掛けて読書をしたり、隣人とおしゃべりしたりして穏やかな時間を過ごす住人と、傍らにはのほほんと日光浴をする猫たちがいた。人も猫も、穏やかな夏の午後を心から満喫しているようだ。

CAT Data

遭遇率

中庭は猫天国！　入る時は地元の人に一声を。

なつこい度

飼い猫ばかりなのか、とてもなつこい

堂々度

人馴れしていて、堂々としている

おっとり率

のびのび暮らしているようす

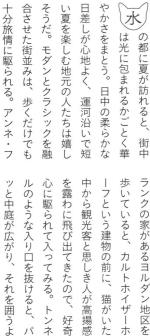

人に慣れていて、自由に
写真を撮らせてくれる

運河沿いを歩いていたら一緒に
歩いてくれた白茶トラ猫

11

ユトレヒト（オランダ）

運河のみなもが煌めく のどかな街

Route From Japan

飛行機
↓
電車

合計	12.5hour
必要日数	4Days
Hotel	有

Utrecht **Netherlands**

9,320km From JAPAN

運河沿いは猫のたまり場。美しい猫たちに出会える

運河沿いを猫とともにたゆたう

ユトレヒトは、オランダの首都アムステルダムから電車で半時間の距離にある。『ミッフィー』の絵本シリーズで知られる作家ディック・ブルーナが生まれた小さな街だ。近代的な建築が建ち並ぶ駅前の瀟洒な通りを抜けると、緑の木々に包まれた美しい旧市街の石畳が広がる。時代を遡行するような煉瓦造りのクラシカルな雰囲気の街中には、水の国オランダが誇る運河が縦横無尽に巡らされている。太陽の光が運河沿いの木々の隙間から溢れて、みなもがきらめいている。

運河沿いをたゆたっていると、ベンチに腰掛けて本を読んでいるカップルの向こうに、茶色い猫を発見した。ゆっくりと近づいて猫の頭を撫でると、「にゃん」と甘え声を出して、とことこと私の横を歩き、道案内をしてくれた。

CAT Data

遭遇率 ●●●●○

運河沿いや街中でよく見かける

なつこい度 ●●●●○

人馴れしている猫をよく見る

堂々度 ●●●●○

警戒心が少ない猫も多い

おっとり率 ●●●○○

街の空気感に合った猫という感じ

街中の民家の庭で、茶トラ猫を発見

12

ヴィアンデン（ルクセンブルク）

清らかな緑の森に抱かれた美しい舞台

絵になる街並みと、クラシックカーと、猫

Route From Japan

- 飛行機（乗り換え1回）
- ↓ 電車
- ↓ バス

合計	15hour
必要日数	4Days
Hotel	有

民家の前でごろにゃん

映画のワンシーンに迷い込んだ猫

ルクセンブルクで、もっとも美しい城と言われるヴィアンデン城がある街、ヴィアンデン。ここへは国と同名の首都にある中央駅から電車とバスで向かう。ウール川が流れる緑豊かな渓谷の上に街はあり、シンボルのヴィアンデン城は11世紀にヴィアンデン伯が建てたとされる。ロマネスクやゴシック様式が混在する優美な城で、一段高い丘の上に佇んでいる。旧市街の道を通り、お城へ続く石畳を歩くと、道からそれた坂道の民家の前で一匹の猫と出会った。「にゃあん」と人懐こく近づいてきて、それから家の扉前でごろんと横になる。歩いてきた通りを振り返ると、歴史的景観に似つかわしいクラシックカーがたびたび走り抜けていく。

映画のセットかと見紛うほどの街角に、猫がいる。お目当てのヴィアンデン城へ着く前から、美しい街並みをたっぷりと堪能した。

CAT Data

遭遇率 2/5

民家の前にいる猫に出会えれば

なつこい度 4/5

飼い猫なのでとても人が好き

堂々度 3/5

旅人にも警戒心が少ない

おっとり率 4/5

マイペースに暮らしているようす

猫がいるだけで、街並みが
いっそう華やいでみえる

13

クレヴォー（ルクセンブルク）

小さな国の小さな町の素敵な邂逅

書斎の机でくつろぐ

シュロフ通りでみた猫

Route From Japan

飛行機
（乗り換え1回）

バス

合計	14.5hour
必要日数	4Days
Hotel	有

猫のいる幸福な午後の昼下がり

西

ヨーロッパの森と渓谷に囲まれたルクセンブルクの小さな街、クレヴォー。ルクセンブルク市から電車で約50分のところにあるアルデンヌ地方の街で、湾曲したクレルブ川の内側に位置する。丘の上には、真っ白なルネッサンス様式のクレヴォー城が、美しい街を見下ろしている。12世紀に建てられ、現在のものは戦後に修復されたものだそう。

城下のシュロフ通りをぐるりと歩くと、民家からでてきた女性に声をかけられた。猫が好きだというと、「家にいる猫を見せてあげる」と招き入れてくれた。やわらかな自然光が入る書斎で、ご主人が猫と一緒にくつろいでいた。シュロフ通りでは、猫を飼っている家が多く、外に遊びに出る猫もいるそうだ。猫をきっかけに旅先で思いがけず地元のご夫婦と過ごすことになった、ある午後の昼下がりのことだった。

CAT Data

遭遇率

民家の猫に出会えればラッキー

なつこい度

猫の主人以外にはちょっと距離がある

堂々度

警戒心が少しある猫も

おっとり率

外で会うと飼い猫でも野生的な感じ

自宅に招いてくれた地元の
お父さんと猫

CHAPTER

02

ヨーロッパ2

Italy イタリア
Malta マルタ
Greece ギリシャ

まばゆい光の中を歩き、目をこらすと見えてくるのは、真っ白の街並み。光に眩む小道の向こうからやってくるのは、茶トラの仔猫だ。すっと風が吹く。少し潮の香りが鼻をかすめた。そうだ、ここはギリシャの島だ。

太陽が元気いっぱいの南ヨーロッパ地域は、とかく「光の世界だ」と感じることが多い。真っ白な壁の家が連なる家並みは幻想さを極め、手もなく旅人の心をさらっていく。

ギリシャの島々から、イタリアやマルタへと旅を進めると、そこは神話やカソリック、騎士団に象徴される、世界に名を轟かせた歴史的な舞台だ。遥かなる歴史の流れに身を委ねるような心持ちで街を歩けば、地域特有の光に包まれた街に限らず、宝石箱のようにカラフルな街や、伝統的な土着の建築様式が際立つ街など、多彩な美しさに出会える。

そして、なんと猫の多いことか。ヨーロッパ諸国で、群を抜いてネコと出会う機会が多いように思う。長い時をかけて、猫たちは自分たちの居場所をしっかりと確保してきたみたいだ。

14

ブラーノ島（イタリア）

色があふれ出す 漁師の街

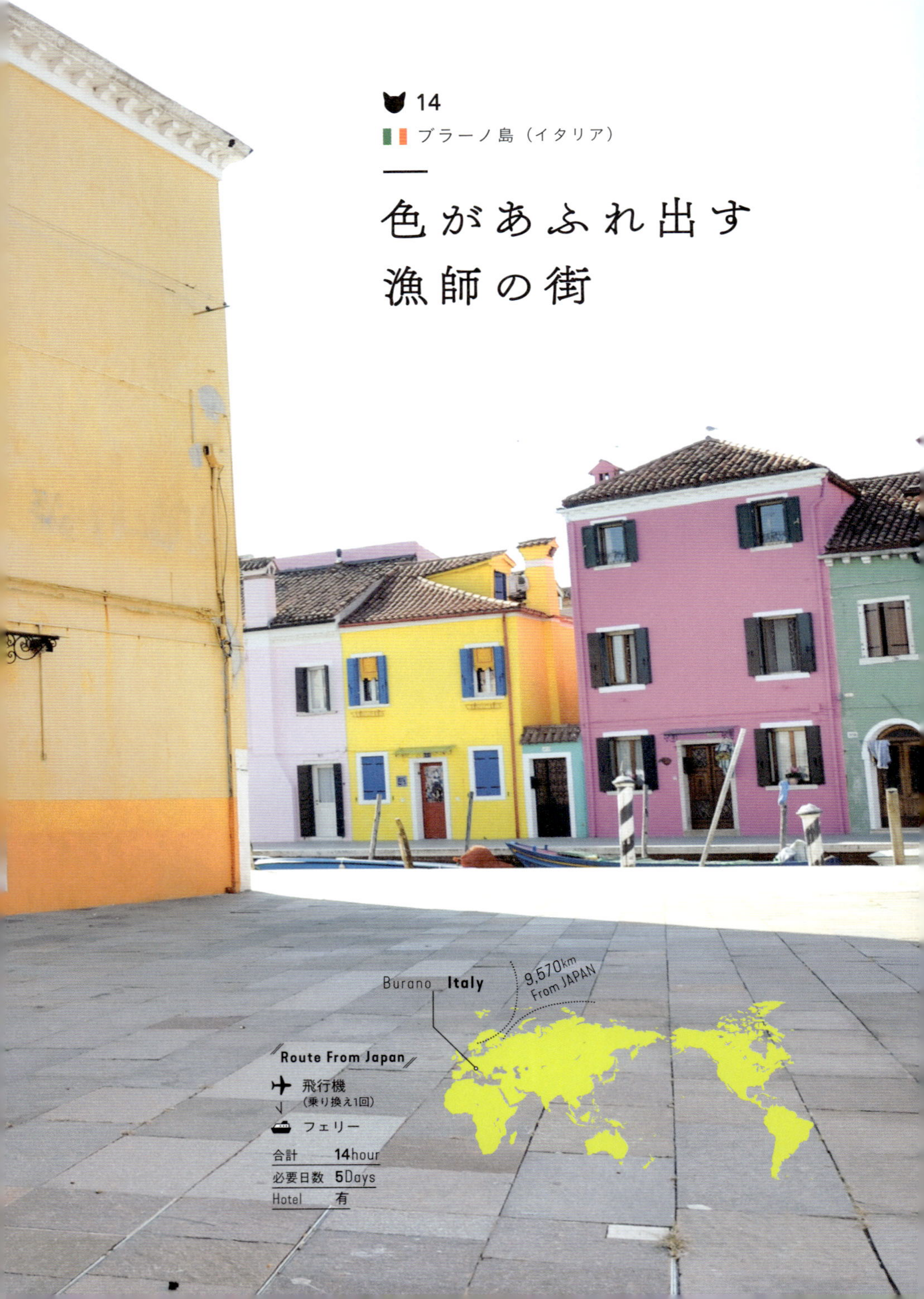

Route From Japan

飛行機
（乗り換え1回）
↓
フェリー

合計	14hour
必要日数	5Days
Hotel	有

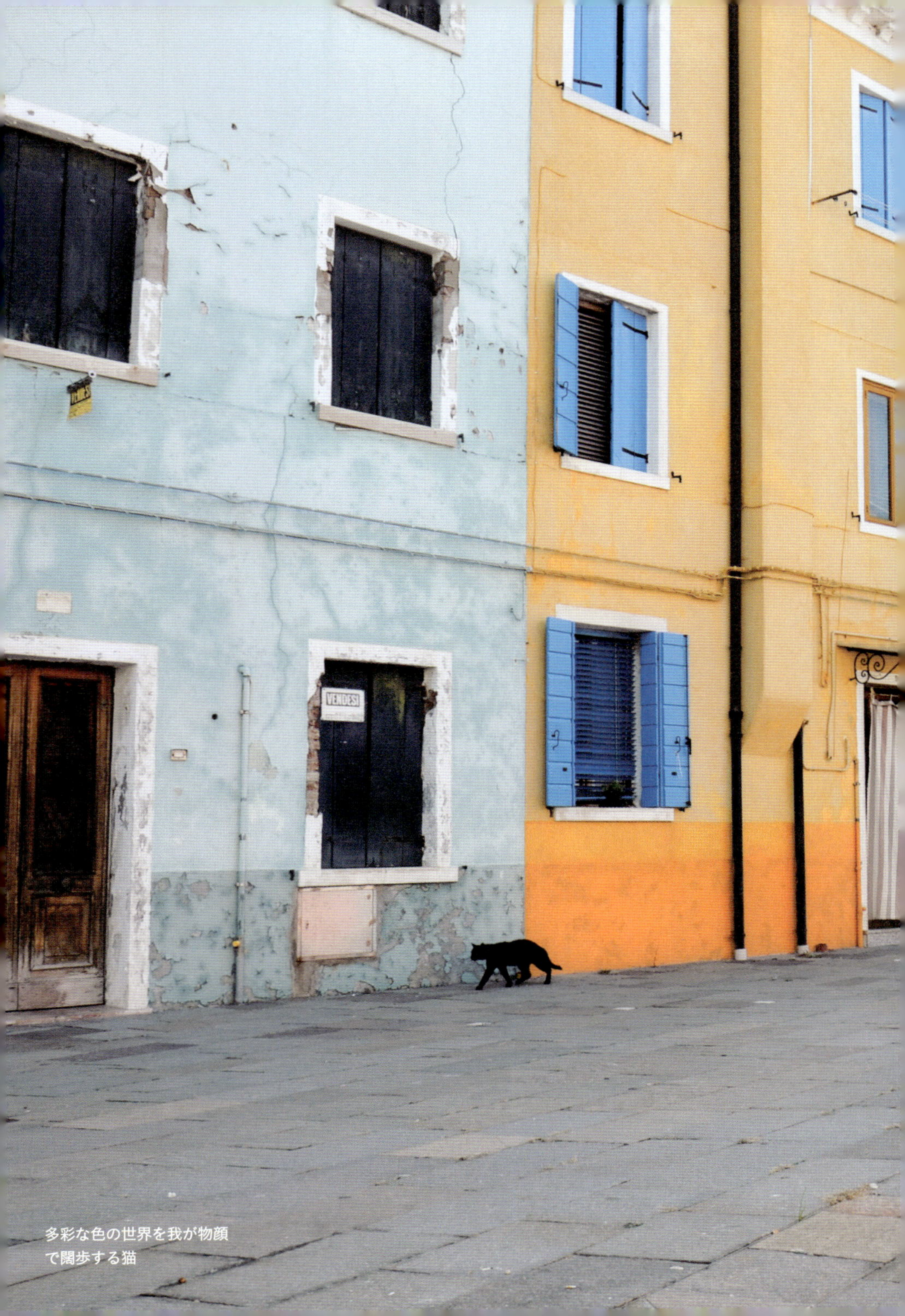

多彩な色の世界を我が物顔
で闊歩する猫

色をもつ猫

ヴェネチアから船で40分ほど行くと、ブラーノという離島がある。とても小さな漁師の島だが、カラフルな家並みが目を引く。実はこの家が愛の結晶とも言うべきものなのである。

古くから漁にでた男たちが霧の中でも沖から自分の家を見つけて帰ってこられるようにと、島で待つ女たちが家の外壁に色を塗り始めた。赤や青、ピンク、オレンジ。それぞれが夫婦の愛の色だ。その色に帰ってくるのは男たちだけで

CAT Data

遭遇率	なつこい度	堂々度	おっとり率
カラフルな民家の中にたくさんいる	人馴れしているが、人に媚びない感じ	ここは猫の島だと思っている?	5人との生活に慣れていて、のんびりしている

木陰で島を行き来する船をみていた猫

はない。
赤い家には黒猫が、オレンジの色には毛の長い白猫がドアの前でニャーとなく。やがて扉がそっとひらき、当たり前のようにするりと中に入っていった。この島の猫たちにも、それぞれ自分の色があるのだ。

上　ピンクの壁が映し出す日常の影と猫
下　自分の家に帰ってきた猫を迎えるおばあさん

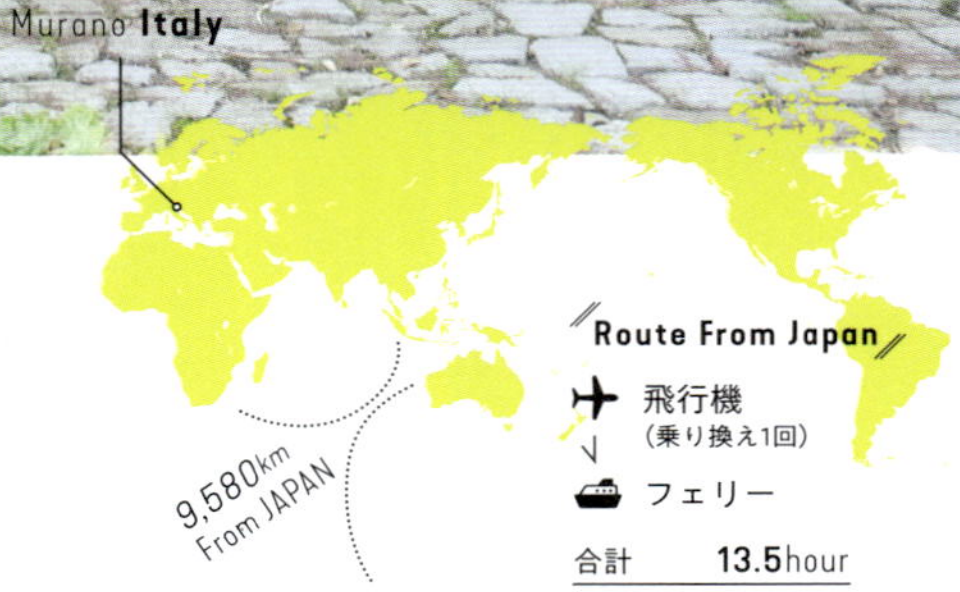

Route From Japan

飛行機
(乗り換え1回)

フェリー

合計	13.5hour
必要日数	5Days
Hotel	有

15

ムラーノ島（イタリア）

静寂に包まれた
ヴェネチアングラス職人の街

ヴェネチアングラスの目をもつ猫

ヴェネチアングラス発祥の街で、島民のほとんどは職人である。家のガラス窓や門の飾りなどに、ヴェネチングラスを使っている芸術的で美しい街である。

　メイン通りを少し外れると観光客はほとんどいなくなり、閑静な住宅地となる。犬と散歩したり、買い物から家路につく人など、地元の人とすれ違うばかりだ。ふと民家の門の中にいる猫と目があった。物珍しそうに、異邦人を見つめる目は、ヴェネチアングラスでつくられたように透き通っていて美しい。猫は直感と、好奇心にすぐれているという。人を見定めるようにひと呼吸おいてから仲間だと認めてくれたようだ。もう一匹の猫もでてきて、家の柵から顔をだして挨拶してくれた。

人は立ち入り禁止の美しい遺跡に入っていく猫

観光客のこない民家の庭先で顔をだしてきた猫たち

CAT Data

遭遇率

街中はまったくいないが、民家やホテルに住み着いている猫はいる

なつこい度

ご飯をもらう時以外はそっけない

堂々度

適度な距離を保ちつつも、堂々と

おっとり率

スタスタ歩いている猫が多い

「悪魔の橋」で長い間、来るもの
去る者を見届けていた猫

16

トルチェッロ島（イタリア）

教会跡と
猫しかいない街

Route From Japan

飛行機
（乗り換え1回）
↓
フェリー

合計	14hour
必要日数	5Days
Hotel	有

島とともに生きると決めた猫

ヴェネチア発祥地のひとつで、中世では2万人以上の人々が暮らしていた。とは思えぬほど、現在は人影も少なく物静かで建物さえ少ない。それは昔マラリアが蔓延した時に、人も建物も街の外へと移ったからだ。見所は歴史的遺構である教会を見るだけなので、わずか30分足らずで観光を終えてしまう。

現在この島を守るのは人間ではなく、猫たちかもしれない。船着き場から教会へと向かう一本道に広場があって、そこにたくさんの猫がのんびり暮らしている。グレー色の猫が、広場の向かいにある手すりのない「悪魔の橋」の上にじっと座って、くるものを眺めていた。それが代々、何年も続く仕事のひとつで、意味はないけれど

島を守る猫だって時には大きなあくびもしたくなる？

天職なのだというように。

この島の波瀾万丈な時代を駆け抜けたのは、人だけではない。いや、人は島外にでて、人の傍にいた猫だけが、結局、この島とともに生きて行くことを決めたのだ。

サンタ・マリア・アッスンタ聖堂とサンタ・フォスカ教会と猫

CAT Data

遭遇率

広場にいるが、普通に通りすぎると気づかず

なつこい度

人の少ない島ならではの野性的な猫たち

堂々度

広場の中は人が入れず、完璧なる猫領域

おっとり率

おのおの好きなことをしている

17

ヴェルナッツァ（イタリア）

ワインが美味しい 多彩な色の5つの村

Cinque Terre **Italy**

9,824km From JAPAN

Route From Japan

飛行機
(乗り換え1回)
↓
鉄道

合計	**16.5**hour
必要日数	**5**Days
Hotel	有

CAT Data

遭遇率
村の中、家々の小径で遭遇する

なつこい度
たまに人に甘えてきたり、でも距離をとったり

堂々度
近づいたって寝続ける猫、動かない猫多い

おっとり率
マイペースに自分の時間を過ごすよう

海と家とブドウと猫

リグーリア海岸沿いにある5つの集落、それがチンクエテッレ（5つの村という意味）。それぞれに多彩な色の家々が所狭しと、ひしめき合っている。

断崖にそそり立つ家々を見ていると、この場所での過酷な暮らしが容易に想像できる。事実、近年より前の1000年間は村と村の行き来は船だけで、陸路での手段はなかった。

絶壁が続く痩せた土地に家をつくり、ブドウ畑をつくり、その結果、この地独特の味の濃いワインが生まれた。この小さな村で生まれたワインは、古来王族のためにと人々は知恵を絞ってつくってきた。その信念が今も村に引き継がれている。

5つの村のひとつ、ヴェルナッツァで、絶壁をのぼるように村の小径を歩いた。やがて見晴らしのよい場所で、美しいリグーリア海と、色とりどりの家々と、緑の濃いブドウ畑、それからその信念とは無縁そうな猫をみた。

ヴェルナッツァの小さな街を見下ろす絶壁で眠る猫

Route From Japan

飛行機

合計	13hour
必要日数	4Days
Hotel	有

18

ローマ（イタリア）

現代と古代が交錯する遺跡都市

遺跡トッレ・アルジェンティーナ
広場は猫の安全地帯

広場の招き猫

遺跡アパートメントに暮らす猫

イタリアは動物にとって楽園である。犬も猫もけっして処分されることがない街なのだ。首都ローマには、捨て猫保護区なる場所がある。それも古代遺跡トッレ・アルジェンティーナという驚くべき歴史的な場所が、200匹、300匹という数の野良猫や捨て猫のための生活の場となっている。人間は、遺跡の周囲から猫の暮らしを覗くことはできるが遺跡の中に入れない。よって遺跡は完全な猫アパートメント。

猫本来の習性を存分に発揮しながら暮らしている。猫の人間による猫のための遺跡。もともとイタリア人女性二人がボランティアで始めた活動だが、現在では世界中の猫好きがこの場所を訪れる。中には猫を引き取る人もいるそうだ。食事も寄付金でまかなわれており、ふくよかで毛並みの美しい猫たちをみると、いかに世界に猫好きが多いかがうかがい知れる。

CAT Data

遭遇率

遺跡にいけば驚くほどの数の猫に会える

なつこい度

ご飯をもらっているので人間が怖いわけではない

堂々度

人間が入ってこないテリトリーで、堂々としている

おっとり率

それぞれがマイペースで過ごせている

夕暮れになると人間に会いに
広場から出てくる猫たち

19

アルベロベッロ（イタリア）

鉛筆を並べたような かわいい街並み

Route From Japan

飛行機
（乗り換え1回）

私鉄FAL

合計	16.5hour
必要日数	5Days
Hotel	有

街名物のトゥルッリ屋根を
軽やかに越えていく猫

PANORAMICA

土産物屋のおじさんにご飯をもらう猫

トゥルッリと猫

トゥルッリと呼ばれる円錐形の灰色の屋根と真っ白な筒型の壁をもつ建物がつくる街並みは、鉛筆の削った頭を幾つも並べたようで、世界の中でも特異である。特に灰色の石を環状に並べていった円錐形の屋根は見た感じでは簡単に壊れてしまいそうだが、これがこの地に受け継がれる建築技法で、冬は暖かく夏は涼しいらしい。現在は土産物屋やレストラン、ホテルなどになっており、中に入って見学することもできる。

街では、たくさんの猫とも出会う。特にどこのトゥルッリの猫でもないらしいのだが、街の人々に可愛がられ、ご飯をもらい、寝床を用意してもらっている。その代わり、彼らはトゥルッリの前で観光客を呼び寄せる大切な役割を担っているのだ。

CAT Data

遭遇率	なつこい度	堂々度	おっとり率
トゥルッリの立並ぶ地区にたくさんいる	人間と一緒に暮らしているような素振り	人間におびえることなく、堂々としている	のんびりマイペース

店主がシエスタ中の土産物
屋の前で猫が店番をする

20

マテーラ（イタリア）

摩訶不思議な土色の街

Route From Japan

飛行機
（乗り換え1回）

私鉄FAL

合計	16.5hour
必要日数	5Days
Hotel	有

世界遺産サッシ地区育ちの
無邪気な仔猫

静寂な街中でひっそり座り込む猫

異世界と現実世界をつなぐ猫

マテーラは南イタリアの山間部にあり陸の孤島のような街だ。古くから少雨・乾燥した地域で人々は過酷な生活を強いられてきた。石灰質の岩山にあった洞窟の中に家をつくったサッシ（岩山の意味）と呼ばれる地区は、世界遺産に登録されている。まるでＳＦ映画の異世界の住人が暮らしている舞台のような街並みだ。街に居着く多くの猫たちが、異世界と現実をつなぐ存在にみえるくらいに。

　摩訶不思議な土色の家並みを夕陽が朱色にそめ、月の光が街を照らし始めると、いよいよこの世界

サッシ地区の異国情緒
あふれる街並みと猫

からどこか遠くの異世界へとスリップしたかのような誘惑的な雰囲気をかもす。それでもやっぱり、人になつく愛くるしい猫をみていると、たしかに私はこの世界にいるのだという安心感がして、ほっとするのだった。

CAT Data

遭遇率

サッシ地区を歩くとほぼ出会える

なつこい度

人間に懐く猫、全く懐かない猫といる

堂々度

人間をまったく恐れない猫と物陰に隠れてしまう猫がいる

おっとり率

どこかいそいそとしている

Route From Japan
飛行機
私鉄FAL
フェリー
合計 16.5hour
必要日数 5Days
Hotel 有
Amalfi Italy
9,860km From JAPAN
corals cammeos
cose belle

21

アマルフィ（イタリア）

世界有数の美しい海岸をもつ街

断崖絶壁にそそり立つ家々と
土産物屋の屋根で遊ぶ猫

雰囲気のある民家の前で
通る人をみつめる猫

海岸通りに暮らす猫

青い海と観光客を見下ろす猫の親子

世界でもっとも美しい海岸線のひとつといわれるアマルフィ海岸の中心地。中世から海洋貿易で栄え、イタリアの四大海運共和国の最古の街として栄華をほこっていた。海岸から山ぞいにパステルカラーの家々が建ち、絶壁に建てられた家は今にも落ちてきそうな危うさがあるが、だからこそ美しさが際立つ。山の斜面にはオリーブや檸檬畑が広がり、青い地中海を見渡せる。小さな街のシンボルであるドゥオーモは邦画『アマルフィ』にでてくる有名な舞台で、日本人観光客も多い。

　海沿いを歩いていると猫の家族と出会った。母猫が子猫を誘導し、屋根の上にのぼって遊びはじめた。ときおり母猫が屋根の上から観光客を見下ろす。同時に美しい青い海を愛おしそうに眺めるのだ。

CAT Data

遭遇率

民家の中や海沿いの漁港にたくさんいる

なつこい度

人間にあまりなついていない

堂々度

距離をとらないと逃げ体勢

おっとり率

せかせか動き回っている

扉が開くのを待っている猫

Route From Japan

飛行機
↓
鉄道
↓
フェリー

合計	17hour
必要日数	5Days
Hotel	有

22

ポジターノ（イタリア）

芸術作品のような均整がとれた街

足腰の強い猫

ソレントとアマルフィの中間に位置するポジターノは、イタリア屈指の華やかな夏のリゾート地。観光客は街並みの美しさと青い地中海での海水浴を楽しみにやってくる。それも秋・冬にな

地中海を前に甘えん坊ポーズ

CAT Data

遭遇率

民家の中や前、海辺にたくさんいる

なつこい度

人間が大好きな猫も多いが興味ない猫も多い

堂々度

人間に興味あるかどうかは別として、堂々としている

おっとり率

眠っている以外はよく動く猫をみかける

岸壁に立つポジターノの美しい街並みとくつろぐ猫

るとたんに人は減り静寂が街を包みこむ。

国道は山間部の高い場所を走り、バスから見下ろす小さな街のまとまり感は、緑豊かな海辺に誰かがつくった芸術作品のよう。街中は細い小径が階段状に入り組み、この街の人々はどれほど足腰が鍛えられているのかと感心してしまう。おそらく猫の世界でも、ここの街の猫は足腰が強いはず。

「猫はどこにいますか？」と、街の名産である白い素敵なレースを扱う洋服屋で、たっぷりとお腹の出たおじさんに聞く。「ほら、この道をまっすぐ降りたビーチにいるさ！」と嬉しそうに答えてくれた。その道で、猫が階段を身軽にかけ登って、あっという間にすれ違っていった。さて、空は雨雲がたちこめて雨が降りそうだが、猫はいるのだろうか。

22 / Positano **Italy** /

長い階段の道を足腰の
強い猫と一緒にのぼる

ピンク色の家の前にいた美猫

23

ラヴェッロ（イタリア）

ワーグナーをも
魅了した
崖のうえの美しい街

9,860km From JAPAN

Ravello **Italy**

Route From Japan

飛行機
↓
鉄道
↓
バス

合計	17hour
必要日数	5Days
Hotel	有

静かな道でマイペースに
時を過ごす猫

幸福そうな魔法の国の猫

海辺の街アマルフィからバスで30分ほど山側へのぼっていった断崖の上にある静かな街。小鳥のさえずりが聞こえ、美しい緑と華やかな色の花々に囲まれている。遥か遠くに浮かぶ蒼い地中海は空と同化しているかのようだ。この街で、作曲家のワーグナーが歌劇『パルジファル』の魔法使いクリングゾルの魔法の庭と花の乙女たちを作曲した。まさに、魔法によってつくられたような理想的な世界だ。毎年7月にはワーグナーの音楽祭が催され、多くの観光客が訪れる。

　ラヴェッロには魔法使いの相棒である猫たちがたくさんいて、人間世界を何食わぬ顔で過ごしている。ふと見ると、肉屋の前で猫たちが姿勢よくお座りしていた。すると、店の中からポンッと何かが外に飛んできた。それを美味しそうに食べてから、猫たちは眠ったり、毛繕いをはじめたり、街の子供に体をなでてもらったりしている。幸福そうな猫の姿もまた、魔法の国だからにちがいない。

ラヴェッロは陶器の街としても有名で、その店前を歩く猫

二階の窓からひょっこり出てきた猫

上　猫たちが次々と現れて、ご挨拶してくれる
下　民家の庭先にいた猫と目が合う

CAT Data

遭遇率

民家の軒先、小径の階段、教会の前、広場などたくさんいる

なつこい度

適度な距離が必要だけど、中にはとても甘えん坊猫も

堂々度

人間なんて怖くない!という感じ

おっとり率

マイペースに好きな時間を過ごしている

お店の前で白猫とお話
する子供

24

プローチダ島（イタリア）

ナポリ湾に浮かぶ宝石箱

Route From Japan

飛行機
（乗り換え1回）
↓
高速船

合計	14.5hour
必要日数	5Days
Hotel	有

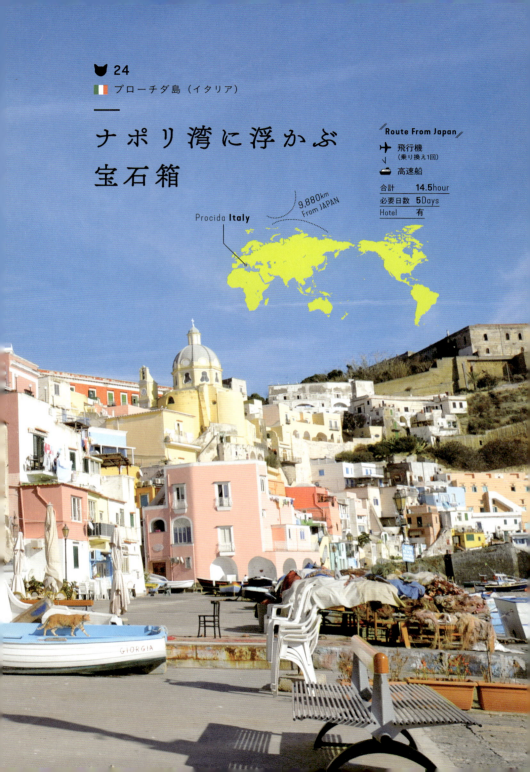

静かな小さな港町と、漁好き、
船好き、魚好きの猫

島の秘宝を守る衛兵猫

一見するとナポリ湾で最も小さく観光客も少ない島だが、何も知らずに訪れた者はミステリアスな島の正体を目の当たりにして驚くだろう。

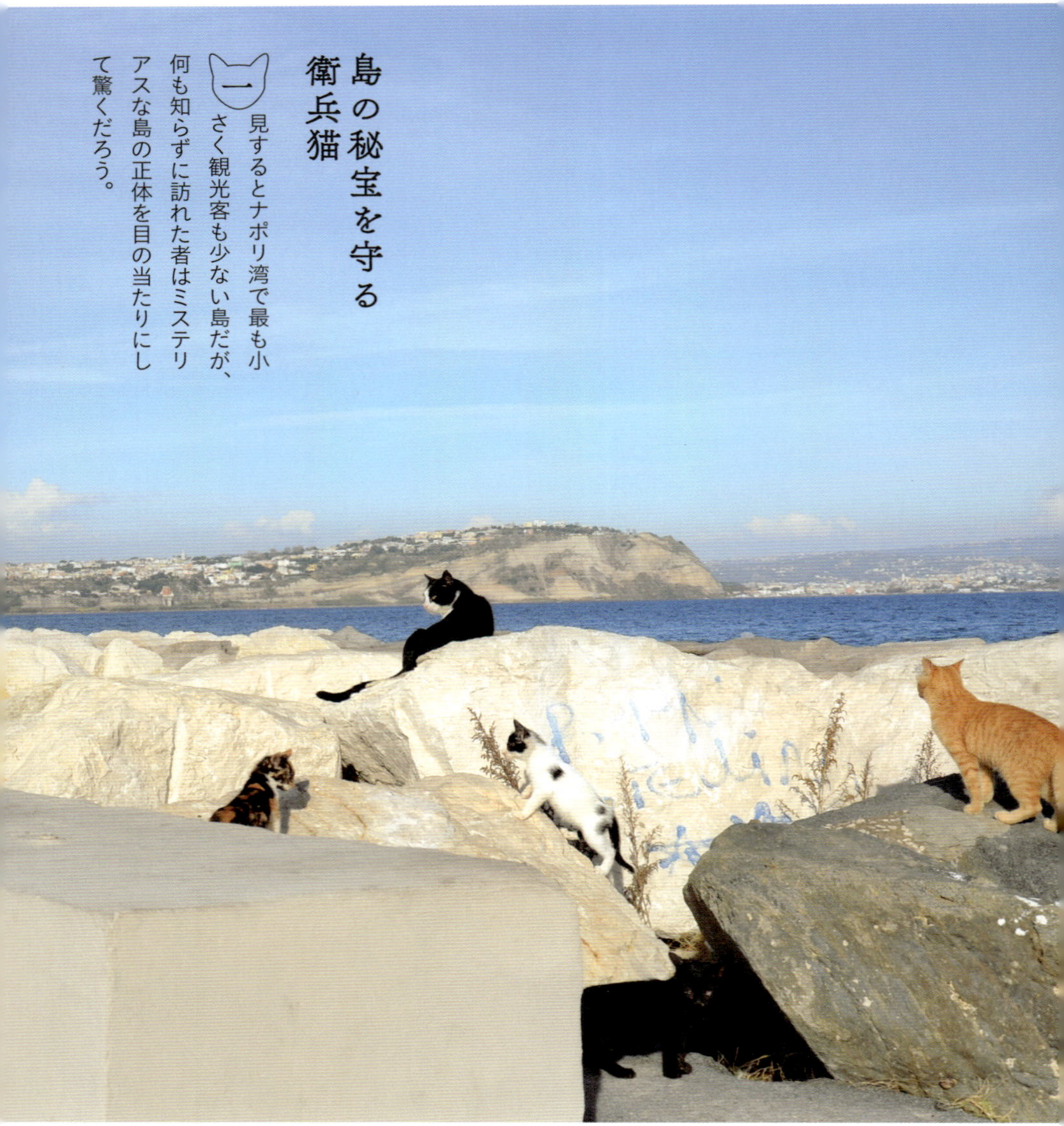

ご飯タイムになると猫たちが集まってきた

CAT Data

遭遇率	なつこい度	堂々度	おっとり率
コッリチェッラ地区内、その周辺、港に多くいる	人間に興味はなさそうだが、慣れている	人間を見て逃げる猫はあまりいない	歩き回っている猫が多い

港から静寂に包まれた坂をのぼる。小高い丘の上へは20分ほどで着いてしまう。その途中で白い猫が見張りをしている。「この者は丘へ行ってもよし」と、衛兵のようにじっと人間をみつめている。丘の上には薄い檸檬色のサン・ミケーレ修道院があり、さらに先へのぼるとヴァスチェッロ城がある。そのあたりからコッリチェッラ地区の海岸沿いを見下ろした瞬間、ナポリ湾に秘められた宝石箱を開けた喜びに満たされる。多彩な色に染まった家並みは太陽の光を受けて、ルビー、ターコイズ、サファイヤのように輝いている。

　坂をくだり、コッリチェッラ地区へと舞い降りると、たった一軒オープンしているトラットリアの中や漁港を徘徊しているトラ猫がいた。彼もまた、この地区を守る衛兵なのだろう。店員がそのお礼にとご飯をあげていた。

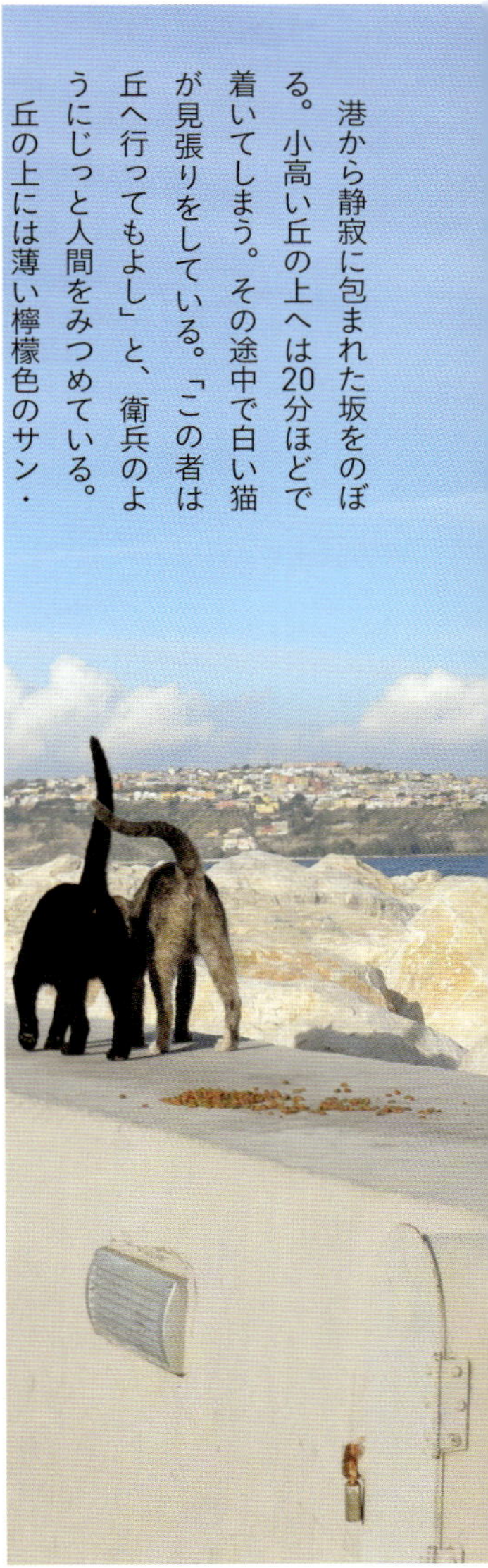

上　きらめく海と猫のいる港
下　太陽の眩しい日中は、日陰が好み

25

ヴァレッタ（マルタ）

整然とした格子状の城塞都市

Route From Japan

飛行機
（乗り換え1回）

バス

合計	14.5hour
必要日数	5Days
Hotel	有

CAT Data

遭遇率

メイン通りを外れた道を歩けば出会える

なつこい度

逃げないが、とくに人間に甘えたりしない

堂々度

人間を意識しつつ、やりたいことをしている

おっとり率

安全な場所で、マイペースに過ごしている

猫にかけられた マルタ・マジック

地中海に浮かぶ小さなマルタ島はヨーロッパでも稀な英語が公用語の国だ。海に囲まれた城塞都市ヴァレッタはマルタの首都で、マルタ騎士団（聖ヨハネ騎士団）が今でも行進していそうな美しい中世の建物が残る世界遺産。

格子状につくられた都市の歴史は近世に始まり、整然とした佇まいの街並みは、背筋がぴんと伸びるような高貴な印象すら漂う。大げさに言えば、正装して歩きたいような街だ。そう思えば、ヴァレッタで出会う猫も、どこか姿勢がよく、動きがしなやかな気がした。青空の下で「ワタシを見てよ」とばかりに体を動かす仕草が美しいのは、マルタ・マジックだろうか。

晴天の下、最高に気持ちよさそうな瞬間

26

スリーマ（マルタ）

のんびりとした空気のただよう海沿いの街

Sliema **Malta**

10,270km From JAPAN

Route From Japan

飛行機（乗り換え1回）

バス

合計	15hour
必要日数	5Days
Hotel	有

CAT Data

遭遇率	なつこい度	堂々度	おっとり率
スリーマのインデペンデント公園は猫のたまり場	甘えてきたり、抱っこさせてくれる猫もいる	警戒心なく、どこでも寝ている	比較的マイペースな猫が多い

海辺で早朝おじさんと一緒にヨガをする猫たち

海沿いでヨガをする猫

首都ヴァレッタに並ぶ賑やかな街で、5キロにわたる海沿いには多くの観光客が日光浴を楽しんでいる。街自体はヴァレッタのように整えられすぎた街並みではなくて、もっとラフで陽気な雰囲気だ。ショッピングセンターなどもあり、近代的な建造物が目立つが、中に入ると昔ながらの素朴な住宅地が広がり、犬を散歩させる人や猫にご飯をあげる人をみかける。そしてつくづくスリーマは健康的な街だと思う。夜7時くらいになっても海で泳ぐ人を見かけるし、朝は日の出から海辺をランニングする人とすれ違う。

海沿いのインデペンデント公園では多くの人が朝日とともにヨガをしている。傍には猫たちもいて、一緒に体を伸ばしているのだ。

27

メリーハ（マルタ）

ピンクの空と青い海を望む街

教会に見守られた猫たち

丘の上の教会が街を見守るかのように静かに佇んでいて、街からはミントブルーの色をした海が望める。マルタ島のなかでもっともコミノ島、ゴゾ島に近く、船で沖へでると、青い宝石のように輝く透明な海が広がる。メリーハビーチには、そんな海を愛する人々が世界中から大勢集まる。水平線の向こうへと夕陽が沈むと、空は刻々と色を変えピンク色に染まる。丘の斜面に沿って建っているベージュ色の古い家並みもピンク色を帯びていく。

幻想的な街の中で、普通に人が暮らすように、ここでも猫が暮らしている。街のホテルの庭には彼らのための小屋があり、ご飯があり、くつろぐ居場所がある。そんな猫たちを、やっぱり丘の上のメリエハ教会が見つめている。そっと見守る母のように。

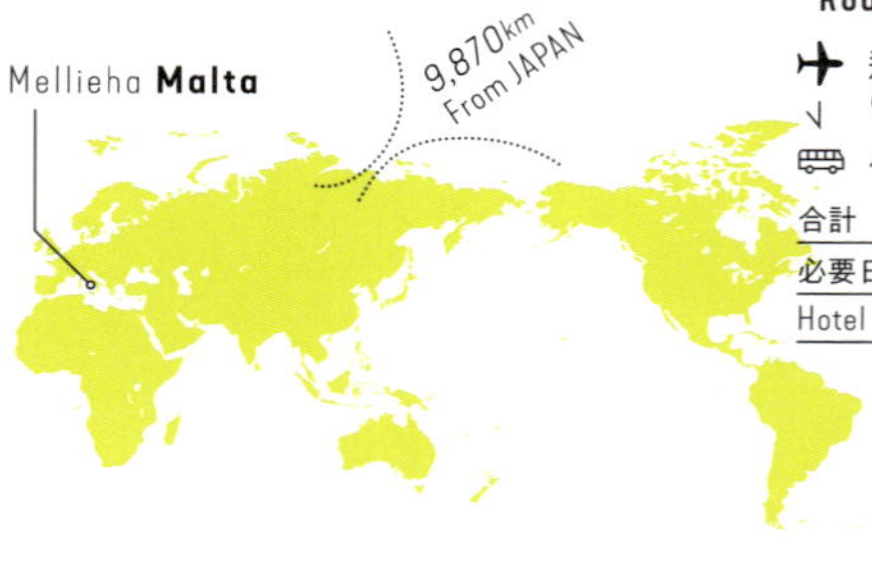

Route From Japan

飛行機
（乗り換え1回）
バス

合計	16hour
必要日数	5Days
Hotel	有

CAT Data

遭遇率

街中や海沿いにはおらず、街の一部の猫小屋にいる

なつこい度

ご飯をもらうとき以外は人間と距離をとっている

堂々度

警戒はしているが動じない

おっとり率

確実に安全な場所で寛いでいる

教会を望む猫ハウスの住人たち

28

サントリーニ島（ギリシャ）

アドリア海に浮かぶ、絶壁に建てられた白い街並み

Route From Japan

飛行機
（乗り換え1回）

合計	15hour
必要日数	5Days
Hotel	有

CAT Data

遭遇率

真夏は朝と夕暮れ以外、ほとんど姿をみせず

なつこい度

近づくと体を触らせてくれる

堂々度

カメラを構えようが、追いかけようが、堂々としている

おっとり率

マイペースだが、ときおり動く

この島も街も、ぼくのものだ

真夏のギリシャは太陽が大きい。アドリア海に浮かぶ小さな島々にその恵みがいっぱい降り注ぐ。海は光を受けてキラキラと輝き、水面を滑るようにいくつもの船が行き交っている。絶壁沿いに建てられた真っ白な家々は世界でも有数の美しい街並みをつくり、その白さを直視するには眩しすぎるほどだ。

街は白以外、青い屋根や扉がアクセントになり統一感がある。目映い世界から目線を手前へと移すと、暑い日差しをさけるように猫が木陰でじっとしていた。猫にとっても目映い白い世界。それでも時折、海沿いの低い塀の上をゆっくり、そして堂々と散歩する。青いアドリア海も、白い街並みも、ぼくのものだと言いたそうに。

イアの街をバックに絶壁を歩く精悍な顔つきの猫。イアは世界一の夕日がみられることで知られる。

29

パロス島（ギリシャ）

青と白の世界を
どこまでも
堪能できる静かな街

Route From Japan

飛行機
（乗り換え2回）

合計	16hour
必要日数	5Days
Hotel	有

道は進めども真っ白な壁が長々と続く。そこに猫がいる

至る所で猫たちと出会える美しい街中

警戒心を与えられなかった猫たち

ギリシャのキクラデス諸島の中で一番大きく平地の多い島だが、観光客が少なくとても静か。のんびり街を歩くと、人よりも猫と会うことのほうが多く、キクラデス諸島らしい青と白の街並みの中をいろいろな柄の猫がマイペースに暮らしている様子を垣間みられる。いつも人間に可愛がられているのか、神様がこの街の猫に警戒心を与えなかったのか、のんびりと、そして堂々と。前方にいる猫と目が合うと、すぐにトコトコと近づいてきて体を私の足にこすりつけてきたり、お腹を見せてゴロゴロと喉をならしたりする。ずっと遊び相手を待っていたみたいだ。猫好きにはたまらないひとときが過ごせるのどかな街だ。

CAT Data

遭遇率

真夏の暑い時間は木陰に、涼しくなれば道のど真ん中に

なつこい度

人をみて近寄ってくる甘えん坊猫が多い

堂々度

ほとんどの猫が人間への警戒心がない

おっとり率

動きたい時にさっと移動するだけで、あとは動かず

綺麗な道と同じ柄をした猫

30

ミコノス島（ギリシャ）

風の吹きやまない白い島

Route From Japan

飛行機
（乗り換え2回）

合計	16hour
必要日数	5Days
Hotel	有

猫が人のいない港を堂々と
歩いていく

猫の時間がはじまる夕暮れの時

夏になるとヨーロピアンセレブが集まるという小さなリゾートの島。港から少し見上げた丘の上にミコノス名物の白い風車小屋が威風堂々と起立している。真夏の日中は美味しいジェラートを食べながら白い街を歩く観光客が多く、その足下を猫がトコトコ歩く姿をみかける。素敵なアクセサリー屋の前で体をなでてもらう猫、民家やホテルの庭に住みつきご飯をもらう猫、レストランのテーブルの下でくつろぐ猫、みな人間と同じようにそこで穏やかに日常をおくっている。

　ミコノスは、夕暮れとともに風がいっそう強くなり、海も少し荒

泊まっていたブティックホテルのお庭にいた美しい猫たち

くなる。夕陽が沈み、空がピンク色になり、やがて人気がなくなると港に猫たちが現れた。いよいよ、猫の時間のはじまりだ。

上　ご飯をテーブルの上でもらう
下　街中の猫と子猫と犬の出会い

CAT Data

遭遇率

島のメインストリートを歩けば必ず出会える

なつこい度

人間に慣れてはいるものの、初めは警戒

堂々度

人間を気にせず堂々と好きなことをしている

おっとり率

真昼以外はよく動く

ハニアのカゴ猫

アコーディオンと眠る子猫

クレタ島のハニアは、こぢんまりとした可愛らしい旧市街が魅力だ。綺麗な花々が咲き乱れ、歩くだけでも心が弾む。観光地だけど、住人の息づかいが感じられる街だ。ふと立ち寄った土産物屋では、仔猫たちが忙しそうに動き回り、しばらくしてカゴに入って休憩し、また動き回る。少し痩せているけれど、健康そうだ。

日中、小さなヴェネチアンポートの上で一人のおじいさんがアコーディオンを奏で、多くの観光客が足をとめていた。なぜかこの街は、アコーディオンの音色が似合う。夜になると、ヴェネチアンポートは幻想的な装いをみせ静寂に包まれた。日中、走り回っていた仔猫も夜になると母親と一緒にスヤスヤ眠るみたいに。

CAT Data

遭遇率

旧市街に猫が住み着いている

なつこい度

逃げはしないが、適度な距離が欲しそう

堂々度

人間を気にせず堂々と好きなことをしている

おっとり率

昼寝以外は、ちょこちょこと動いている

31

ハニア（ギリシャ）

こぢんまりとした可愛らしい花の街

Route From Japan

✈ 飛行機（乗り換え2回）

合計	16hour
必要日数	5Days
Hotel	有

インテリアショップの
店先でシエスタ中の猫

CHAPTER 03

ヨーロッパ3

Croatia クロアチア
Bosnia and Herzegovina ボスニア・ヘルツェゴビナ
Serbia セルビア
Kosovo コソボ
Romania ルーマニア
Hungary ハンガリー
Czech チェコ
Lithuania リトアニア

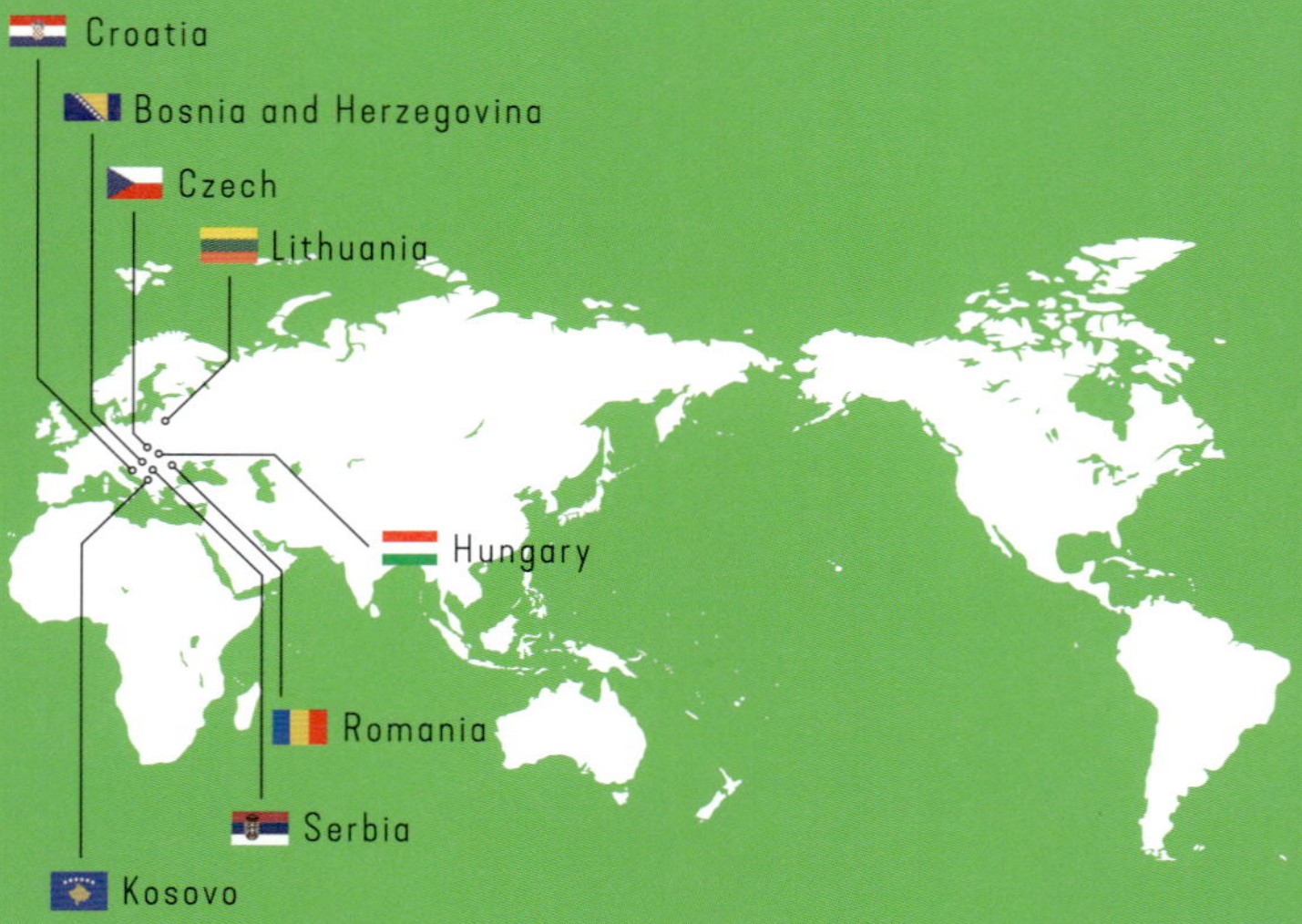

ヨーロッパ各地域を一言で表現するときに、おそらくもっともミステリアスな印象をもたれるのが東ヨーロッパのエリアではないだろうか。

ソ連崩壊に端を発するバルト三国の独立回復や、広大なユーゴスラビアだった国々の紛争など、歴史的には絶えず戦禍に見舞われた地域として記憶に新しい。現在は、ほとんどの国が自国の歴史を新たに、静かに歩き始めている。しかし旅をすれば、美しい街のあちこちに、今もなおその傷痕が残っているのがみられる。

そして傍にいる猫たちは、平和を訴え続けるのだと誓ったかのように、無言でその場にいるのだった。一方でこの地域は国を変えれば大いに街並みが変わり、大変面白い。

おとぎの国か、絵本の世界から飛び出してきたのか、そんな可愛らしい街に出会えるたびに、胸が高鳴った。こちらの期待に応えてくれるかのように、猫もいてくれた。まるで、おとぎの国からやってきた使者のように、一層、私をその場に強く引き留まらせる魔力を放つのだ。

32

ザグレブ（クロアチア）

曇り日には
ペールトーンな
パステルカラーの旧市街

旧市街の裏道、ザグレブで最初に出会った猫

お店に入ろうとした猫と思わず目が合った

夏の終わりと猫のひと声

ヨーロッパで夏の終わりが近づくと、曇り日はどこか憂いを感じてしまう。淋しいような、何かが足らないような空虚感。それと同じように、長く旅をしていると、ある日突然に心が曇り日になることがある。それがザグレブで起こった。

　ゴシック建築の立派な教会の尖塔が、今にも雨が降りそうな空を串刺しにし、旧市街のカラフルな家並みはくすんだパステルカラーに変わってしまった。夏が終わってしまう切なさを背負った人々が腕を組みながら街を行き交う。それでも少しずつ空は明るくなった。陽が雲間から顔を出せば、色を失った旧市街もまた違った色に見えはじめる。猫にもその違いがわかるのだろうか。太陽と一緒にひょっこり姿を現して、何か言いたげにニャーとひと声鳴いた。

Route From Japan

飛行機
（乗り換え1回）

合計	12.50hour
必要日数	4Days
Hotel	有

CAT Data

遭遇率	なつこい度	堂々度	おっとり率
2/5	2/5	2.5/5	2/5
旧市街のレストランや土産物屋の近くにいる	すぐに逃げないけれど、特に近寄ってもこない	堂々とする猫もいれば、警戒心の強い猫も	あまり動かないけれど、怖いとすぐに体が反応する

洗濯物の下、塀の上の仔猫と
こんにちは

Route From Japan

飛行機
（乗り換え1回）

合計	13.5hour
必要日数	4Days
Hotel	有

33

ドゥブロヴニク（クロアチア）

オレンジ屋根がひしめきあう魔女の街

観光客を出迎える猫たちと、黒猫ジジ

真っ青なアドリア海に向かって突き出した小さな城塞の街がドゥブロヴニク。オレンジ色の屋根瓦がひしめきあう、世界中の人が訪れる世界遺産の旧市街は、アドリア海の真珠と謳われ、日本人にとっては『魔女の宅急便』の舞台ではないかと言われる。

小ぎれいなプラツァ通りや勾配のきつい小径では、猫があちこちで観光客を出迎えている。歴史的には海洋貿易で栄え、現在は一見するとのどかで穏やかな街だが、波乱万丈な歴史をもつ。旧ユーゴスラビアから独立宣言した年の1991年に、セルビア軍に包囲された際に崩壊した家々の跡が、今でも修復されずに残っている。

多くの観光客の笑い声が聞こえる街の中で、破壊された建物の瓦礫の上で黒猫がのんびりと昼寝をしていた。もしかしたら、かつての住人に代わってその土地を守るジジかもしれない。

上　旧市街のさまざまなところで猫をみかける
下左　民家の前にいた猫家族　下右　港で魚をもらったラッキー猫

CAT Data

遭遇率

旧市街のメイン広場や小径にはたくさんいる

なつこい度

人間からご飯をもらっているため、甘えてくる猫が多い

堂々度

人間を見て少々威嚇して逃げる猫はごく稀

おっとり率

よく動く猫とじっと動かない猫と同じくらい

旧総督邸前に居座る猫コンビ

34

モスタル（ボスニア・ヘルツェゴビナ）

山間に佇む美しき石橋のかかる村

猫の居場所

山間を流れる緑色が美しいネレトヴァ川の両岸に栄えた小さな街モスタル。スタリ・モストというアーチ型の石橋が川にかかり、そこから眺める川と旧市街

はとても爽やかだ。

　しかし旧ユーゴスラビアだったこの街も、独立宣言後の1992年から1993年にかけての18ヶ月間、セルビア軍に包囲されていた。観光客が多く訪れるスタリ・モスト周辺から少し外れると、生々しい砲撃や弾丸の傷跡が今も残る。スタリ・モストも内紛時に破壊されたが、「平和のシンボル」として修復され現在の美しい状態になった。旧市街地とあわせて世界遺産だ。

　そんな場所に現在は多くの観光客とともに猫も多くみかける。特に人目を避けるように裏路地の崩壊した建物に、多くの猫が住み着いている。もとより、崩壊前からその場所が彼らの居場所だったのかもしれない。建物が壊されて困ったのは人間だけではないのだ。

半倒壊した建物の前で、猫が寂しげな顔をしていた

石畳の旧市街で出会った何か言いたげな猫

CAT Data

遭遇率

旧市街や裏路地に多くいる

なつこい度

ご飯をもらう時以外はそっけない

堂々度

適度な距離を保ちつつも堂々と

おっとり率

スタスタ足早に歩いている猫が多い

35

サラエボ（ボスニア・ヘルツェゴビナ）

宗教や人種の交錯する街

猫が言った、「忘るべからず」

サラエボの雨の日は、他の街にはない孤独と寂寥感が漂っている。それは人間の中に抱え

Route From Japan

飛行機
（乗り換え1回）

合計	19.5hour
必要日数	4Days
Hotel	有

旧市街のモスクと屋根を歩く猫

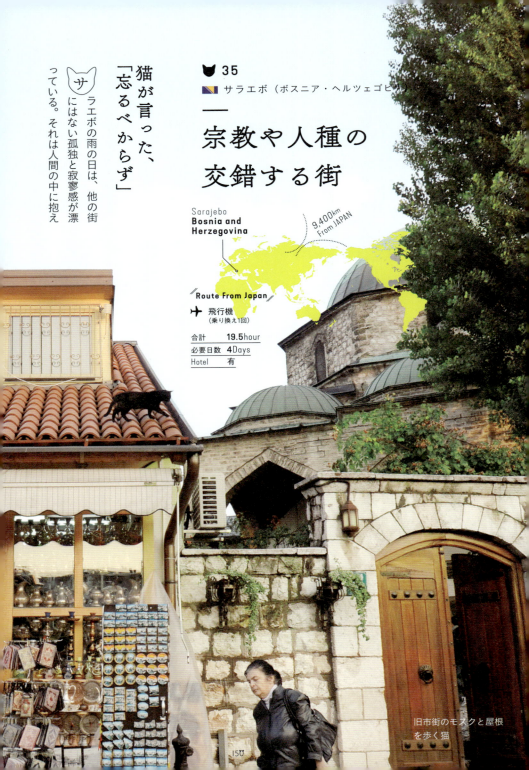

る寂寞とした闇のような部分に似ている。とくに夜になると、夜の国の者たちが蠢きはじめるような、怖いけれど魅惑的な雰囲気に一転する。

サラエボはボスニア・ヘルツェゴビナの首都であり、第一次世界大戦が勃発するきっかけとなったサラエボ事件、１９８４年の冬季オリンピックやボスニア・ヘルツェゴビナ紛争など希望と絶望の歴史を併せもつ。地理的にもトルコやヨーロッパの狭間にあって、イスラム教、キリスト教、ユダヤ教の人々が共生してきた。街にはモスク、教会、シナゴークがあって旧市街には猫もよくみかける。しかし猫の住まいは崩壊した家の瓦礫の中。サラエボの辿った悲しい史実を「忘るべからず」と言わんばかりに、そこから離れようとしない。

CAT Data

遭遇率

旧市街の裏の小径やモスク周辺に多くいる

なつこい度

ほとんど近づいてこないけど、逃げたりはしない

堂々度

逃げないけれど、びくびくしっぱなし

おっとり率

常に周囲を気にしている様子

紛争で倒壊したままの建物からでてきた猫

猫は街の中のオアシスに居つく

旧市街の大通り、クズネ・ミハイロ通りには大きなヨーロピアンテイストの建物が立ち並ぶ。ドナウ川とサヴァ川の合流地点にある場所柄からか、さまざまな文化が交錯してきた。

ハプスブルグ帝国やオスマン帝国に支配されていた名残か、ヨーロピアンとオリエンタルな雰囲気を同時に感じる。一方で、かつてのユーゴスラビアの首都であったことを思うと、不思議と整然と建てられた社会主義的な街並みにも気づく。1999年、NATOの空爆で破壊された建物は、戦争の悲惨さを訴える。クズネ・ミハイロ通りを抜けると、カレメグダン公園に出る。公園は旧市街が僅かに発する緊張感をすっと解放してくれる。と、思ったら、公園の中にある聖ルジツァ教会の庭で、猫が二匹追いかけっこをして遊んでいた。猫は街中のオアシス的な心安らぐ場所にいつくものなのだ。

CAT Data

遭遇率
人の多い市街地ではみかけない

なつこい度
全く人に興味がなさそう

堂々度
人と距離がある場所では常に堂々と

おっとり率
警戒しながらもマイペース

36

ベオグラード（セルビア）

ヨーロッパと
オリエントが
融合した街

Route From Japan

飛行機
（乗り換え1回）

合計	15hour
必要日数	5Days
Hotel	有

聖ルジツァ教会の庭先で木登りをする猫

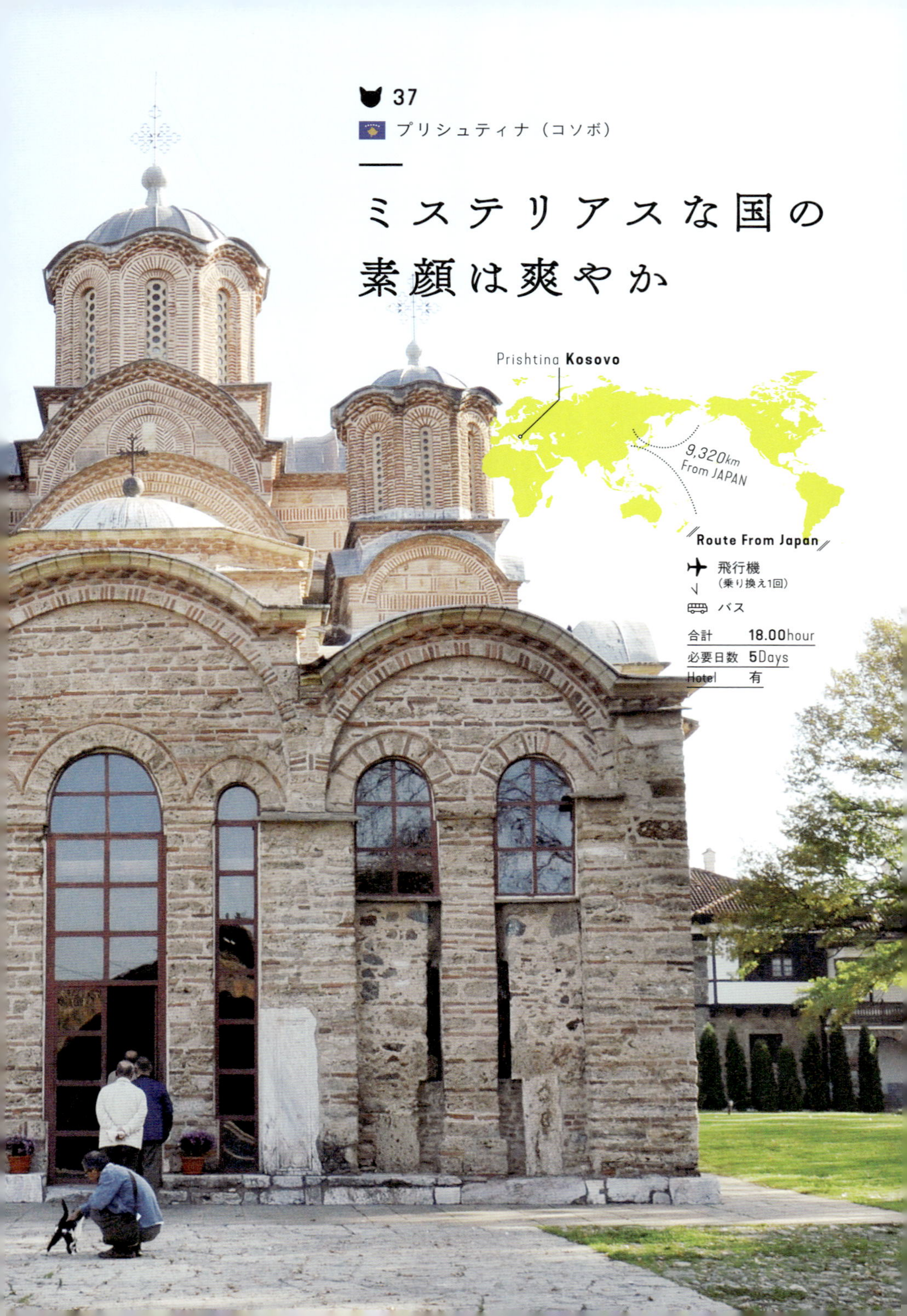

37

プリシュティナ（コソボ）

ミステリアスな国の素顔は爽やか

Route From Japan

飛行機
（乗り換え1回）
↓
バス

合計	18.00hour
必要日数	5Days
Hotel	有

修道院にいつく、門番猫

セルビアのバス乗り場で、「コソボに行きたい」と言うとあからさまに嫌な顔をされる。日本を含め国連はコソボを国として承認しているが、セルビアにとっては「我が国の一部」でしかない。緊張感を抱きながらも、コソボの首都に到着すると、ひんやりとした爽やかな風が吹いていた。幾分乾燥している。

街は健全に歴史を重ねられず、古き建物は修復されないまま、新しいビルの建設ラッシュ。気分を変えて首都の郊外にある世界遺産、グラチャーニッツァ修道院を訪れた。セルビア建築で高貴なフレスコ画を観ることができる。入り口では、白黒色の猫が門番をしていた。国家間の争いに縛られない猫の自由さが尊く思えた。

CAT Data

遭遇率

首都ではほとんど猫をみかけないけれど、修道院には番猫がいる

なつこい度

しばらく体をこすりつけてくる

堂々度

人間が可愛がってくれるのを理解しているのか、怖がらない

おっとり率

人間に甘えたり、毛繕いしたり、散歩したりとマイペース

世界遺産の教会を守る猫と日本人のおじさん

38

シギショアラ（ルーマニア）

ドラキュラの生まれた箱庭のような街

中世の街で店番役を守り継ぐ猫

どこか物語にでてくる国のような名前のトランシルヴァニア地方。ルーマニアの中でも中世の歴史的な街並みが残り、とくにシギショアラは歴史地区そのものが世界遺産になるほど美しい街だ。ザクセン人がつくり、その建

Sighisoara **Romania**

8,840km From JAPAN

Route From Japan

- 飛行機（乗り換え1回）
- バス

合計	21.5hour
必要日数	6Days
Hotel	有

CAT Data

遭遇率

歴史地区をうろうろ歩けば、出会える

なつこい度

わりと警戒心が強く逃げる猫が多い

堂々度

基本的に逃げ体勢の猫が多い

おっとり率

店番猫以外はトコトコ移動していた

右　アートショップの店先にいる看板猫
下　夕暮れ時、人の減った裏通りに猫が現れた

物がほぼ9割は残っているという奇跡的な保存状態で、訪問者たちを簡単に時空を超えた旅へと誘ってくれる。印象的にはやはり誰かが書いた物語の国の箱庭を眺めているような、絵本の世界に入り込んだような、錯覚さえする。実は吸血鬼ドラキュラのモデルとなった残虐な王の生誕地でもある。

現在はもちろん不穏な空気は一切感じられない。それどころか、どこを歩いても絵になる空間で、クールな顔の黒猫がアート雑貨屋の店番をしているのにほっこりする。まるで中世からずっと、店番の役目を守り継いでいるかのように。

CAT Data

遭遇率

小さな村だけど猫を何度もみかけた

なつこい度

ある程度の距離が必要だけど、住民にはなついている

堂々度

人間をみてすぐ逃げないけれど、追いかけると逃げる

おっとり率

近寄る人間がいなければ、のびのびしている

39

ホッロークー（ハンガリー）

独自の伝統を守り続けた民族の村

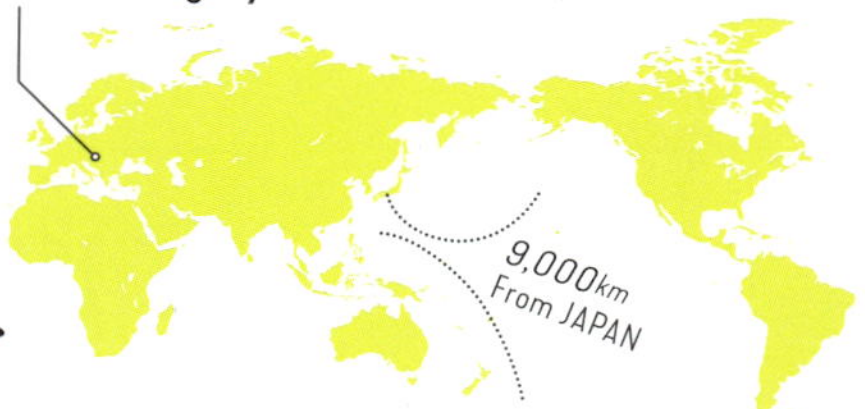

Route From Japan

飛行機
(乗り換え1回)

バス

合計	15.5hour
必要日数	5Days
Hotel	有

パローツ様式の家と猫

ブダペストから北東へ100キロのところにある世界遺産の田舎町。住民であるパローツ人は独特の伝統的な生活様式を現在も守り続けている。1時間あれば十分に見て回れてしまうほど小さい村には、126軒の家と教会、民族衣装で出迎えてくれる住人、ハンドメイドの籠屋さんや陶器屋さん、刺繍屋さんなど魅力がたくさん。ついでに、猫もたくさん。

家は藁と泥を混ぜ、そこに石灰を塗った真っ白な壁と木造の平屋と石造の地下室でできているパローツ様式。幾度と火災にあっても再建するときはパローツ様式を継承してきたゆえ、家並みはどの国のどの街とも違う独自さがある。その家の前で猫が集まり、それから地下室へと入っていった。

木造の平屋と地下室をもつパローツ様式の家に出入りする自由な猫たち

40

チェスキー・クルムロフ（チェコ）

湾曲した モルダウ川沿いの おもちゃのような街

Route From Japan

飛行機
（乗り換え1回）
↓
電車

合計	16hour
必要日数	5Days
Hotel	有

ピンクの壁の前で止まった、見返り美人猫

観光地を外れた猫の聖域

蛇行したモルダウ川の湾曲した湿地帯の一つにあるチェコで最も人気のある街の一つ。異国情緒にあふれ、ルネッサンス建築やバロック建築が混在している。

クルムロフ城を訪れたとしても2時間くらいで街のすべてを歩いてみられるほど小さい。とかく女子の人気が高い（観光客は女性が多い）ように思うのは、ハンドメイドのボヘミアン人形や雑貨などの土産物屋が数多く軒を連ね、クルムロフ城から城下町を臨む景色は街そのものがおもちゃのように可愛らしく映るからだろう。

麗しき音楽の国だけあって、小さな街のあちこちから音楽を奏でる音が耳に届く。通りには観光客があふれかえる。

少し裏の通りを歩き、湾曲した川の外側にでると、やがて閑静な住宅地になった。そこは猫たちの聖域なのか、にわかに人間の姿はなくなり、猫ばかりに出会った。

CAT Data

遭遇率

中心地より川の外に出れば会える

なつこい度

甘えん坊な猫はわずか、あとは警戒心が強い

堂々度

ある程度近づくと逃げる

おっとり率

近づかなければじっとしている猫が多い

黄色い壁が可愛いらしい家の前を歩く猫

41

ヴィリニュス（リトアニア）

心浮き立つモダンでお洒落な街

猫カフェで美女と美猫が各々マイーペースな時間を過ごす

猫と美味しいご飯を味わえるカフェ

猫がいる美しい街で時折、日本にもある「猫カフェ」に巡り合うことがある。バルト三国のひとつ、リトアニアの首都ヴィリニュスで、リネン製品店や雑貨屋さんをのぞきまわっていた時に、旧市街で猫カフェの広告看板を見つけた。すかさず、その猫カフェ「カチュー・カヴィネ」へ行ってみた。カラフルな旧市街から歩いて5分ほど、道に面したレストランやブティックと同じようにお洒落でモダンなガラス張りのファサードが印象的なカフェだ。

外から猫たちが見える。中に入ると、日本の猫カフェとはシステムが異なり、センスのよいカフェに猫がスタッフとして働いているという感じだ。猫がいる傍らで、リトアニア料理をいただいた。一人5ユーロ使えば、何時間でも滞在していい。猫と美味しいご飯。旅のもっとも至福なひと時だ。

Route From Japan

飛行機
（乗り換え1回）

合計	13hour
必要日数	5Days
Hotel	有

猫カフェから外を眺める茶トラ猫

CAT Data

遭遇率
猫カフェに行けば確実だが、外ではほぼみかけず

なつこい度
人が好きな猫と距離がほしい猫といる

堂々度
基本的に人にはまったく動じず

おっとり率
人を気にせずマイペースに過ごす

CHAPTER

04

中東、北アフリカ

Morocco モロッコ
Tunisia チュニジア
Israel イスラエル
Jordan ヨルダン
Turkey トルコ

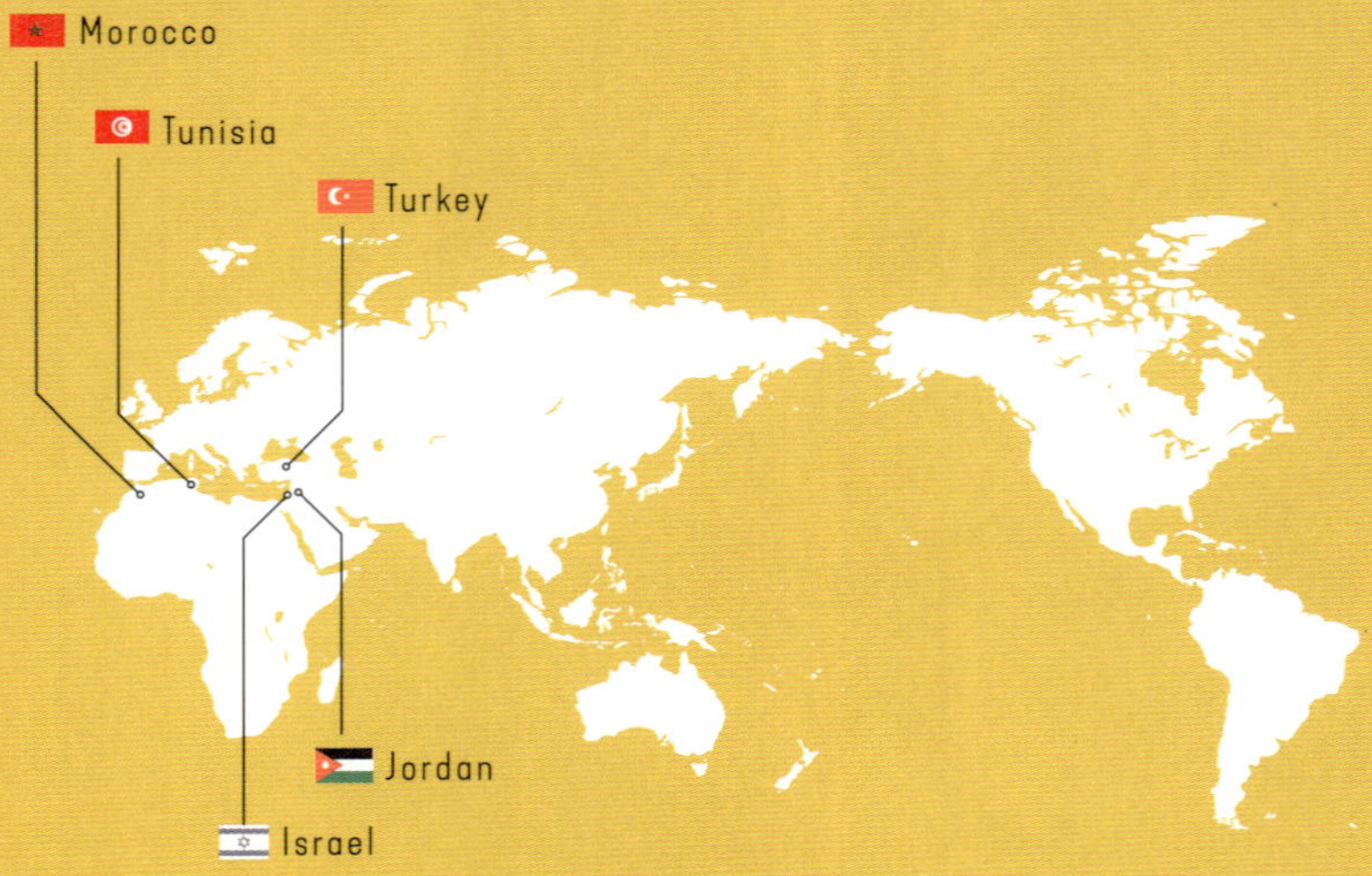

灼熱の太陽が輝く空の下、乾いた風に乗って、祈りの場へと信者を誘うアザーンの声音が街中に響き渡る。

イスラム教の街を歩くと、アジアやヨーロッパ諸国とは一線を画すほどの有り余る異国情緒を覚える。日本では馴染みのないイスラム教の礼拝所モスクがある街並みも、それをかき立てる理由のひとつだろう。

北アフリカ最大のサハラ砂漠を有するモロッコやチュニジアを始め、中東の国々などは街並みも社会も人々の暮らしも、宗教のもとにひとつの共同体として完結しているようにみえる。それが各街並みの統一感をもたらしているのだろう。

ムスリムの国には、猫が多い。トルコでカフェのテラスにいると、テーブルの相席に猫が飛び乗ってきた。「ねえ、なんか注文していい？」と聞かれた気がする。その猫は追い出されることもなく、やがて眠ってしまった。その後、預言者ムハンマドが猫を大切にしたことを、現地の人から知ることになる。

猫が宗教上の理由で街に多くいたなんて。こうして私は、猫にとっての楽園にやってきたことを確信したのだ。

42

シャウエン（モロッコ）

青色の世界に溶け込む ムスリムの村

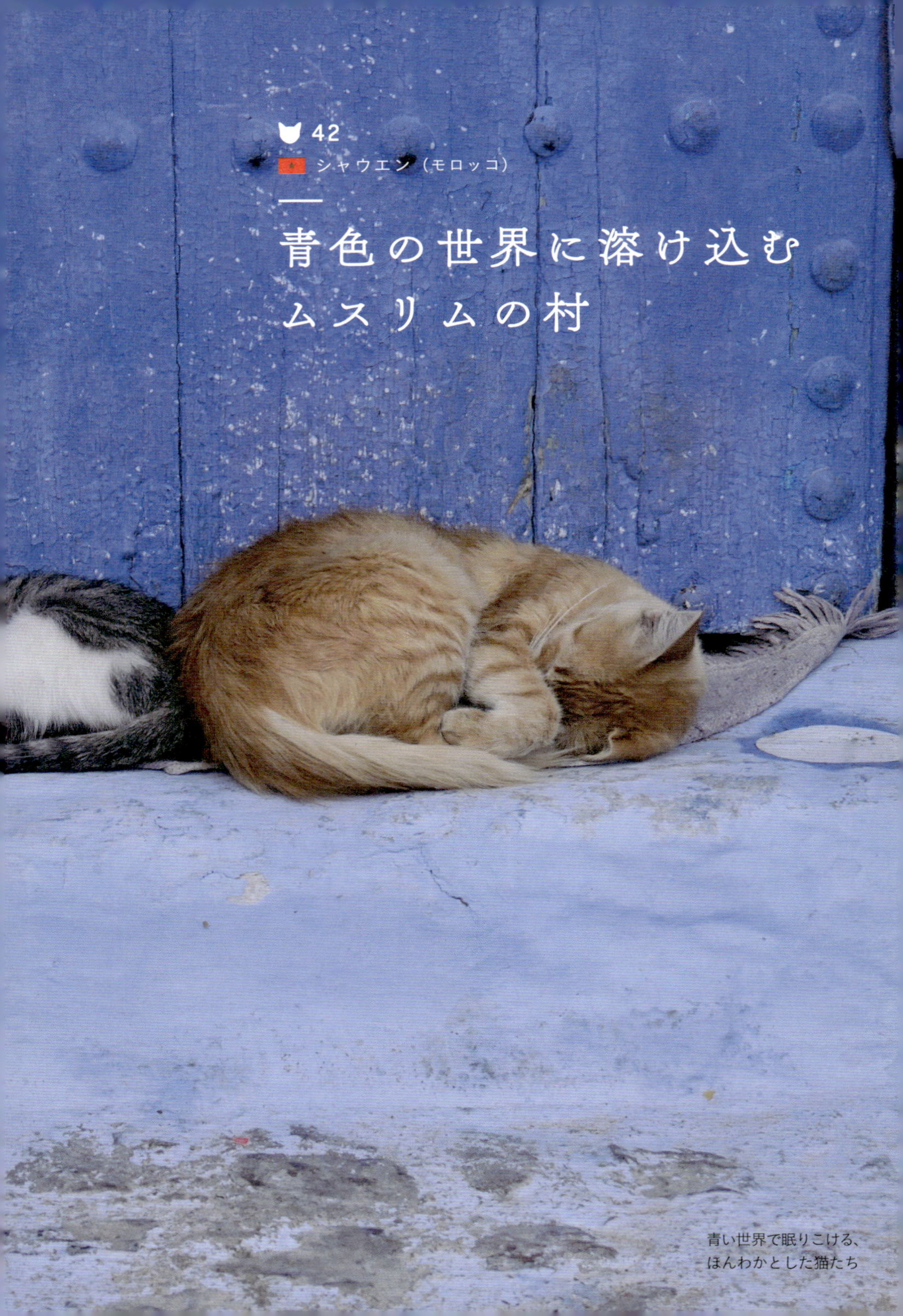

青い世界で眠りこける、
ほんわかとした猫たち

Route From Japan

飛行機
（乗り換え2回）
↓
バス

合計	24hour
必要日数	6Days
Hotel	有

猫が主役の青い街

北アフリカのモロッコ北西部、「青い街」として名を馳せるシャウエンがある。小さな街でスペインからほど近いため、スペイン語を話すモロッコ人も多い。外壁をインディゴで塗られた

泊まっていた宿にいた猫。毎朝ご飯をおねだりしにくる

猫のいる場所はどこも青い街が映り込む

CAT Data

遭遇率

道を歩けばどこにでも猫がいる

なつこい度

人馴れしているが、とくに甘えてこない

堂々度

警戒心が少ない猫が多い印象

おっとり率

各々マイペースに好き勝手している

家々の間を歩いていると、まるで多彩に色味を変える青い海の中を泳ぐようだ。街中には、魚の代わりと猫たちが悠々自適に暮らし、歩けば猫に当たるほど多い。

お土産屋さんで売られているカゴバッグや真鍮の食器の隙間でのんびりあくびをしながら店番をしたり、カフェでお客さんの間に混ざって椅子にちゃっかりと腰かけていたりと、どこを切り取っても青い視界の中に猫が映り込む。モスクそばの水飲み場では、おじいさんが手で掬った水を猫が飲んでいた。「もう4回も飲んだよ」とおじいさんが教えてくれた。この街はまさしく猫が主役なのだ。

43

ケロアン（チュニジア）

乾いた砂が吹く
青と白の街

Route From Japan

飛行機
（乗り換え1回）

バス

合計	20.5hour
必要日数	6Days
Hotel	有

チュニジアらしい陶器のなかで
居心地よさそうなお皿猫たち

ひんやりした白い壁にくっつく猫兄弟

歩けば猫にあたる道

夏になれば50度にもなるというチュニジア中央部の古都ケロアン。南下して行けばサハラ砂漠だからか、乾いた風にはどこか砂が混じり込んでいる。

美しい旧市街は白い建物が迷路のような道をつくりだし、太陽の光が当たればその道は目映くなる。目映い日差しのなか、ヒジャーブという布を頭に巻いたイスラムの女性や、チュニジア式ドアの前で昼寝している猫たちと遭遇すると、異国情緒が最高に高まる。とにかく猫が多く、道を曲がれば猫に当たるし、基本的にのんびりくつろいでいる。

ケロアンにはシディ・サハブ霊廟という7世紀に建てられた霊廟があり、現在はモスクや神学校を併設している。アラブ諸国の中でもっとも美しいと言われるほど、素晴らしいイスラミック芸術を堪能できる奇跡の街だ。その場所で何時間でもうっとりと猫も芸術も鑑賞できるだろう。

CAT Data

遭遇率

旧市街で、日中の暑すぎない時間ならほぼ遭遇できる

なつこい度

あまり逃げず、中には近づいてくれる甘えん坊猫もいる

堂々度

人間を気にせず寝ているか、毛繕いしている

おっとり率

ゆったりした空気の流れに呼応してか、おっとりしている

白と青の雰囲気のあるトンネルを通る猫と人

44

エルサレム（イスラエル）

モスクと教会とシナゴーグが融合する聖地

Route From Japan

飛行機
（乗り換え1回）
↓
バス

合計	17hour
必要日数	5Days
Hotel	有

イエスが弟子たちと過ごした「最後の晩餐の部屋」にいる猫

エルサレムにおける旅人と猫

ユダヤ教、キリスト教、イスラム教発祥の聖地であるエルサレムは、どの国のどの街にもない独特な空気が流れている。特に金曜日となると、黒いスーツを着たユダヤ教徒が嘆きの壁で祈り、キリスト教徒はイエスが十字架を背負い歩いた道を歌いながら練り歩き、ゴルゴダの丘へと向かっていく。モスクからは一日五回のアザーンが流れ、イスラム教徒は祈りのためにひざまずく。

小さな旧市街で、3つの宗教のストーリーが交錯し、溶け込み、また分裂していく。エルサレムで生きる人々の日常だ。ただどこにも属さない者は、多くの旅人と猫くらいだろう。旧市街で出食わす猫たちは、日ごと行われる信者の祈りを興味なさそうに、それでもじっと傍でみつめている。人間の信仰心を不思議そうに。

CAT Data

遭遇率

旧市街の小径や教会の中にいる

なつこい度

触らせてくれる猫が多いが、とくに甘えてくるわけではない

堂々度

日々人間との共生を理解しているようす

おっとり率

人間を気にせず、マイペースな猫たちが多い

45

ペトラ（ヨルダン）

冒険心くすぐられる遺跡の街

Route From Japan

飛行機
（乗り換え1回）
↓
バス

合計	18hour
必要日数	5Days
Hotel	有

オレンジの光が灯るペトラの夜景と猫

物思いにふける夜の猫

ペトラといえばインディー・ジョーンズの映画『最後の聖戦』の舞台として有名なカズネ・ファラウン神殿をはじめとする、広大な遺跡都市だ。まるで映画のためにつくられたセットの中を歩いているかのような、非現実空間を味わえる。世界でもっとも海抜の低い死海とイスラエルとエジプトとが分かち合うアカバ湾の中間に位置する渓谷に、こんな圧巻の遺跡があるというのは世界七不思議のひとつと言える。夜、遺跡から宿に戻るとペトラの小さな村の灯りが見渡せた。そこに猫が一匹やってきて、おなじように村を見下ろしていた。なにか物思いにふけるように。いったい何を考えているのか。それにしても遺跡に猫がいるだけで、なんとなく神秘性が増すように感じられる。

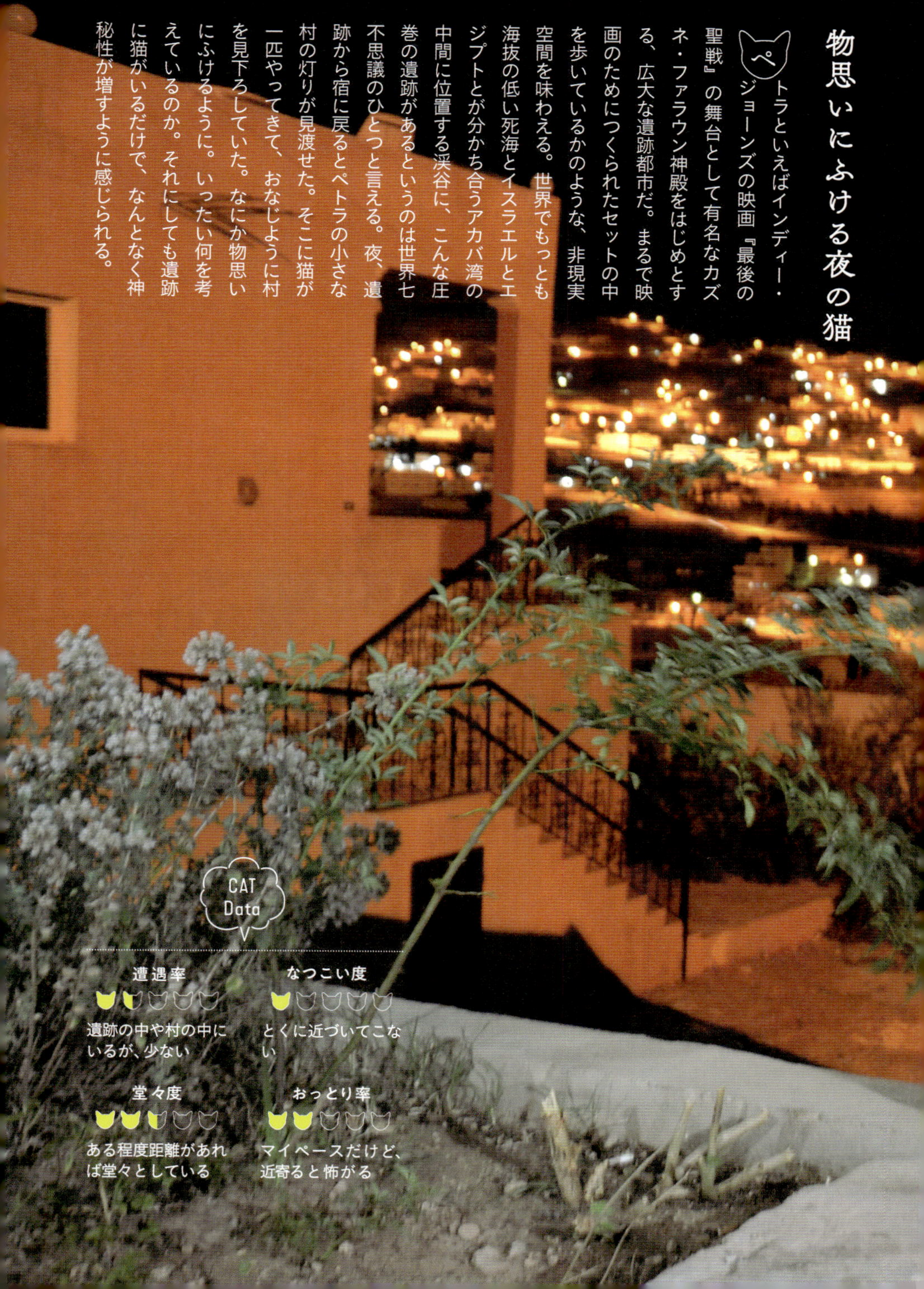

CAT Data

遭遇率
遺跡の中や村の中にいるが、少ない

なつこい度
とくに近づいてこない

堂々度
ある程度距離があれば堂々としている

おっとり率
マイペースだけど、近寄ると怖がる

46

イスタンブール（トルコ）

世界で最もオリエンタルな美しい街

Route From Japan

飛行機
（乗り換え1回）

合計	13hour
必要日数	5Days
Hotel	有

イスラム教祖ムハンマドが愛した猫

オスマン帝国の首都コンスタンティノープルだった現在のイスタンブールには、壮麗なブルーモスクをはじめ大小の美しいモスクが何千とあって、日がなアザーンが鳴り響き、礼拝堂で祈るイスラム教徒がいる。

イスタンブールをヨーロッパ側とアジア側に分けるボスポラス海峡には、無数の船が行き交い、対岸の家並みからモスクのドームや煙突のようなミナレット、オスマン様式の建造物などが太陽の逆光によりシルエットを海上に浮かびあがらせる。街を歩くだけで、異国情緒を存分に堪能でき、ヨーロ

トルコらしいタイルをあしらったお店と猫

ボスポラス大橋のたもとにある
オルタキョイの猫

ッパにもアジアにもないオリエンタルな空間を味わえる。
　忘れてならないのが、猫の多さ。タクシーのドライバーに理由を聞くと、「ムハンマド（教祖）が猫好きだったから」という、実に明快な答えが返ってきた。信仰心ゆえに、猫は愛されているということか。

CAT Data

遭遇率

とにかく街のどこでも猫がいる、猫パラダイス

なつこい度

人間慣れしている猫が多い

堂々度

堂々とする猫もいれば、警戒心の強い猫もまれにいる

おっとり率

一日中、慌ただしく動いている猫が多い

空に浮かぶ無数の気球と猫のシッポ

トルコ中央部、アナトリア地方は夏には灼熱の太陽が乾いた土地に照りつけ、冬には冷たい風や雪が大地に吹き込む。そんな土地で何世紀も人々は暮らしつづけてきた。それは過酷な土地柄だからこそ、迫害から逃れてきた人々には格好の隠れ場所だったのだ。奇岩群の造形美は、地球の神

気球のあがる朝に猫がでてきた

47

カッパドキア（トルコ）

乾いた風、灼熱の太陽、奇岩群の大地

Route From Japan

飛行機
（乗り換え1回）

バス

合計	15hour
必要日数	5Days
Hotel	有

CAT Data

遭遇率

大自然の中で遭遇するのは珍しいが、これも猫大国トルコならでは

なつこい度

逃げず、怖がらず、興味あれば近寄ってくる

堂々度

特に警戒心は少ないが、たまに野性味に溢れる猫は物陰に隠れる

おっとり率

あまりじっとしていない猫が多い

秘を感じる。けっして人間が生み出すことのできない至高の芸術だ。

早朝、太陽が地平線から出現する頃、金色に変化する空に無数の気球が浮かび上がる。まるで群れをなして羽ばたく鳥のように。そんな光景を見ていると、猫がふらっと視界にはいってきた。目映い太陽の逆光で、はっきりとは見えないのだけど、あのシッポ、あの耳は猫に違いない。

CHAPTER

05

中央アメリカ

Cuba キューバ
Puerto Rico プエルトリコ
Mexico メキシコ

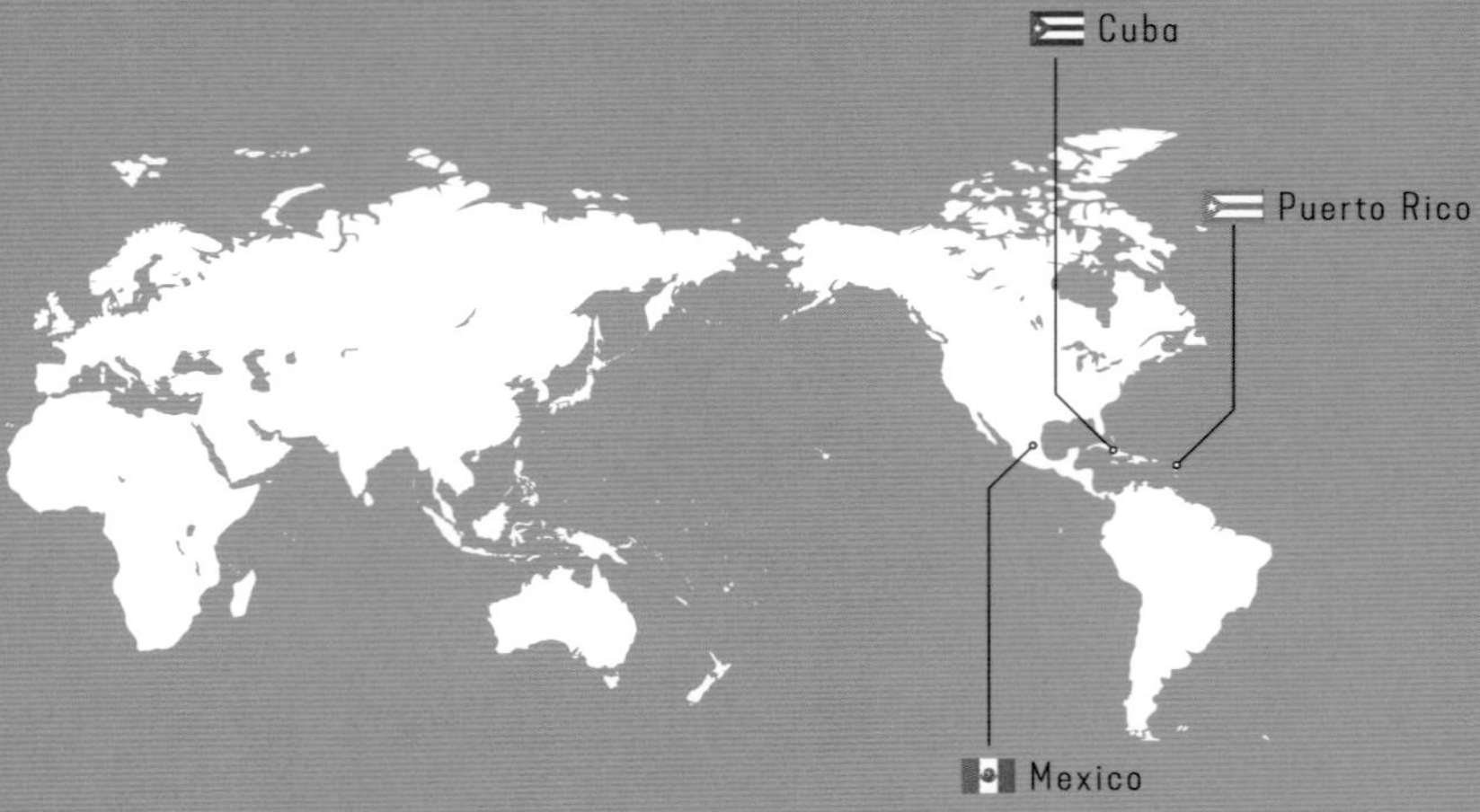

中米の街は、標高が高い地域を除けば年間を通して気温が高い。陽気に釣られて歩くだけで元気がもらえる明るくカラフルな街並みが特徴だ。いつもエネルギッシュで、瑣末なことなど気にしないポジティブなエネルギーに満ちている気がする。美しいカリブ海に浮かぶ島国も多く、艶やかな青い海を身近に感じられるのも気持ちがいい理由のひとつだろう。しかし中米地域は、ヨーロッパ諸国による植民地時代が長く、独立戦争では先住民や奴隷として連れてこられた多くのアフリカ人の犠牲があった。壮絶な苦難に対して真の強さと勇気をもって前進してきた結果、今の平穏があるのだろう。そのことに思いをはせると底抜けに明るい街並みからも、センチメンタルなカケラを拾いあげるような瞬間に幾度となく出会った。

ど派手で明るいが、どこか切なくなるのが、中米の街のひとつの特徴だと、私は感じた。キューバで、現地の人に元気よく「ガトー」と、スペイン語で声をかけられた。そこには猫がいた。スペイン語でガトーが猫だと、教えてくれたのだ。

どこにいても変わらないガトーのあどけない可愛さが、心に優しい風を吹き込んでくれた。

48

ハバナ（キューバ）

サルサとシガー、トロピカルな街

クラシックな街並みと猫

幸せそうなクーバ猫

大の猫好きとして知られるアメリカの文豪アーネスト・ヘミングウェイが愛した、常夏の国キューバの首都ハバナ。「この街は60年前で時が止まっている」

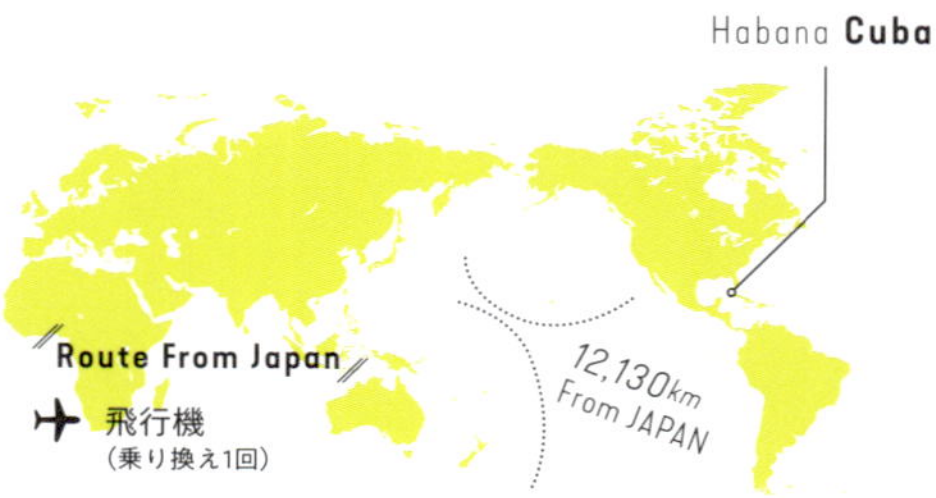

Route From Japan

飛行機
（乗り換え1回）

合計	16hour
必要日数	5Days
Hotel	有

ハバナ旧市街の猫好きおばあちゃん

とキューバ人達はいう。今にも崩壊しそうな古い建物、色のあせたままの建物、未舗装の道路、物資の少ない店なども目立つ。けれど、この街の魅力に気づけば、その古さや貧しさは美しくさえ見えるものだ。

　コロニアルな雰囲気をまとう旧市街に流れるサルサ音楽、路上で踊り、シガーをくゆらす黒人や白人。そして街の壁や看板に描かれたチェ・ゲバラやフィデル・カストロなどの革命家たちの絵、ガタガタと音を出しながら石畳の道を走るピンクやパープルなどのクラシックカー、裸足でかけまわる子供たち、大きな家の扉の前で頭をなでてもらうクーバ猫。出会えばワクワクとさせられるばかりだ。この街に足らないものなんて、あるのだろうか。

アルマス広場で開かれていた
古本市で店番する茶トラ猫

土産物屋の看板猫

CAT Data

遭遇率
★★★★☆
ハバナの旧市街を歩いていれば大抵出くわす

なつこい度
★★★½☆
飼い猫が外にでていることが多く、人慣れしている

堂々度
★★★★☆
基本的に我人に関せずという感じ

おっとり率
★★★☆☆
観光客や車が少ない民家のあたりでのんびりと

49

バラデロ（キューバ）

きらめくカリブ海が眼の前に広がる街

カリブ海を前に、浜辺で私の膝に乗ってきた茶トラ猫

膝乗りカリビアン猫

キューバはぐるっと360度カリブ海に囲まれた美しい島国だ。なかでもバラデロはもっとも美しい海が目の前に広がる街で観光客に人気がある。それでも、日中の街中はひっそりと静かで、猫がのんびりと民家の庭のヤシの木の下で昼寝をしている光景がみられる。昼間は力強い太陽がカリブ海に照りつけ、海は限りなく透明なのに青や緑に色を変えながら白波を立て、目も眩むほど白く輝く砂浜に押し寄せる。海辺にきたものの、観光地とは思えないほど人は少なく、自然の美しさを心ゆくまでゆっくりと味わえた。

　朝、太陽が地上に上がらないうちから海辺を歩くと、夜に雨でも降ったのか、砂浜は水気を帯びて、海は白乳色がかった水色だった。その海のほうから、猫がやってきた。人の少ない浜辺を慣れたようすでいそいそと動きまわり、ついには浜辺に座っていた私の膝の上に乗ってきた。湿った砂の上よりは、居心地がいいのだろう。しばらく一緒に水平線を見続けた。

Route From Japan

飛行機
(乗り換え1回)
↓
バス

合計	19hour
必要日数	5Days
Hotel	有

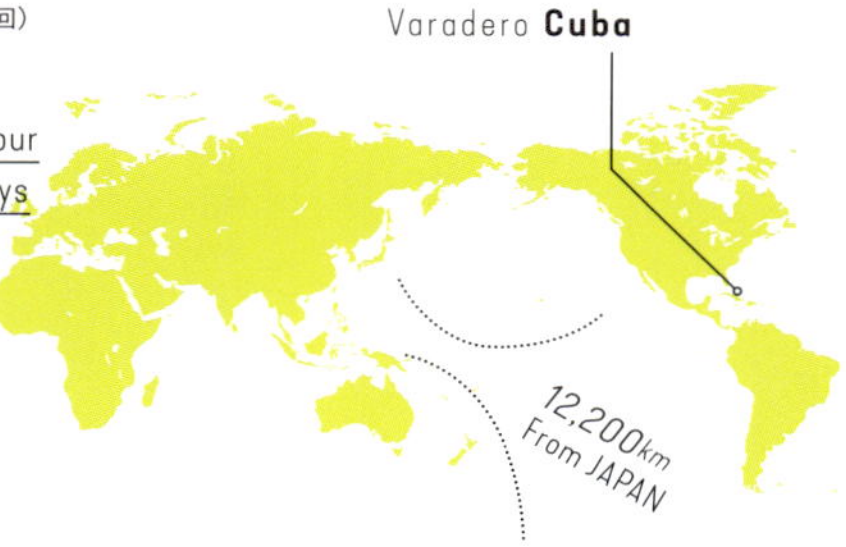

日陰でくつろぐ仲良し猫トリオ

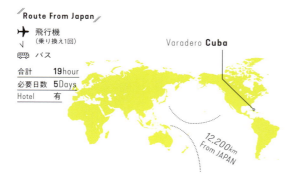

海辺のホテルで暮らす猫たち。古い
建物だが、猫には五つ星ホテル

CAT Data

遭遇率

海辺や街中の民家でみかける

なつこい度

まったく怖がる様子がない

堂々度

どこにいても堂々とした態度

おっとり率

マイペースだけど、ちょこまか動く

50

トリニダ（キューバ）

フォトジェニックなラテンの街

トリニダの八百屋さんと
クラシックカーと猫

Route From Japan

飛行機
(乗り換え1回)

バス

合計	22hour
必要日数	6Days
Hotel	有

絵になる街の猫

穏やかな空気が流れる美しい街並みのトリニダ。一軒一軒の家はカラフルに彩られ、そんな家々と同じようにカラフルな服を着て街を歩く人々を見ると、思わずカメラを向けたくなる。石畳が続く古いコロニアルな街中を馬車が人や荷物を載せて走り、パカパカと蹄の音を鳴らしていく。真冬でも灼熱の太陽からの日差しは強烈で、日中は人間も犬も猫も軒下に隠れるように佇んでいる。市立歴史博物館にある塔から街を見渡せば、オレンジ色の瓦屋根が青空に映え渡り、一枚のキャンンヴァスを眺めているよう。

陽が陰り、サルサやルンバの生演奏が聞こえはじめると、路上で踊る人たちが現れ、陽気なオーラが街に漂う。派手な色のクラシックカーは道を通るのも大変そうだ。それにしても、どこを撮っても、人を撮っても、猫を撮っても、この街は絵になる。

土産物屋の看板猫。ブルーの瞳が美しい

CAT Data

遭遇率

日中の最も暑い時間以外は、軒先にいるのをよくみる

なつこい度

飼い猫らしく、人間にとても懐いている

堂々度

優しくされているのか、人間は怖くないらしい

おっとり率

甘えん坊、おっとり猫が多い

帽子屋さんの窓先で眠る猫

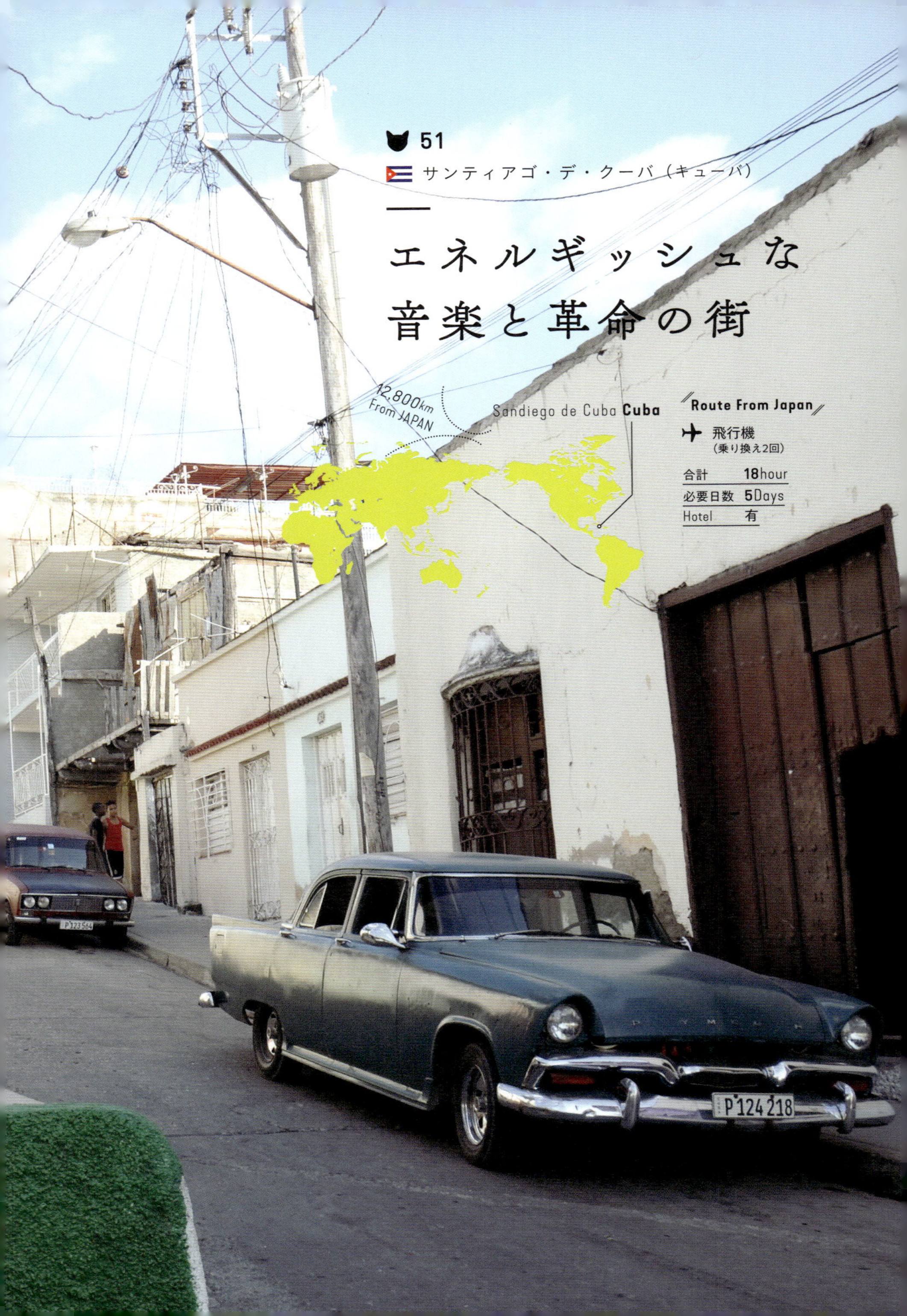

51

サンティアゴ・デ・クーバ（キューバ）

エネルギッシュな音楽と革命の街

Route From Japan

飛行機
（乗り換え2回）

合計	18hour
必要日数	5Days
Hotel	有

坂道の途中で、猫と緑の
クラシックカーに出会う

CAT Data

遭遇率

路上では朝か夕方、夜に見かけ、日中は民家で見る

なつこい度

あまり人間に近づかないけど、飼い猫はおとなしい

堂々度

人間が近づくと怖がって逃げる猫が多い

おっとり率

せかせかと動きまわる猫が多い

自分の家の前で大あくびする猫

白猫とセニョーラが家のエントランスで仲良く決めポーズ

穏やかな街に溶け込む猫

街のあちこちで、「26 de Julio」（7月26日）という日付の書かれた旗をみかける。1953年7月26日、フィデル・カストロ率いる革命軍が親米バティスタ政権のモンカダ兵営を襲撃した。その6年後に、カストロはチェ・ゲバラ達とともにキューバ革命を成功させる。その始まりの街がサンティアゴ・デ・クーバだ。

キューバ人にとっての革命の街である。また「ブエナ・ビスタ・ソシアル・クラブ」であまたのミュージシャンを生み出したキューバ音楽の聖地でもある。坂道の多い街は、ハバナにつづく第二の都市だけど、こぢんまりとしていて、清々しい空気と穏やかな街の雰囲気に癒される。路上を歩くと、民家からキューバ音楽が聞こえ、子供達が外で遊び、その傍で猫がご飯を食べ、ロン（ラム酒）を瓶ごと口に含む親父たちが路上に座り込み、談笑している。

ビニャーレス渓谷の休憩小屋にいるアイドル猫

52

ビニャーレス（キューバ）

美しい自然に包まれた街

Route From Japan

飛行機
（乗り換え1回）

バス

合計	18.5hour
必要日数	5Days
Hotel	有

小屋の中でキューバ人のおじさんに遊んでもらう仔猫

大自然と人の暮らしと猫

首都ハバナから西へ約120kmにある小さな田舎町ビニャーレス。その街の北側には、雄大なオルガノス山脈が広がり、そこにカルスト地形の奇岩に囲まれた渓谷がいくつもあって、一種独特な風光明媚な場所となっている。

街の外れから馬に乗り、渓谷の中をゆっくりと進む。時として馬の足がすっぽり水に浸かる深さの小川も渡っていく。見晴らしのよい大地に、ぽんぽんと立っているパルマ・バリゴナというヤシの木々を見送りながら、やがて渓谷の周囲に青々としたタバコ農園が広がる緑豊かな風景が現れた。

ところどころに素朴な暮らしを送る人々の民家があり、猫もいる。珈琲のプランテーション農園にも猫がいる。大自然と人の暮らしと猫の存在。旅で出会うもっとも幸福な構図が、ここにある。

CAT Data

遭遇率
★★★☆☆
大自然の飼い猫のほか、街中にもちらほら

なつこい度
★★★☆☆
人馴れしているが距離をとる猫が多い

堂々度
★★★☆☆
あまり人に関心がないようす

おっとり率
★★☆☆☆
動き回っている猫が多い印象

Route From Japan

飛行機
(乗り換え1回)

合計	19hour
必要日数	5Days
Hotel	有

53

サンファン(プエルトリコ)

ビタミンカラーで元気になれる南米の街

カラフルな街のなかでも
猫が多く暮らす一角

猫の客が集う美しい街の商店

プエルトリコの首都サンファンは、カリブ海に浮かぶアメリカの海外領土。スペインの植民地だった頃のコロニアル建築が残る旧市街が美しく、建物ごとにピンクや黄色、青などカラフルに彩色され、歩くだけで元気が出る。海岸線に築かれた強靭な要塞の向こうから吹く海風が気持ちいい。

石畳を行き会う地元の人に混じって、猫が平然と歩く姿も目につく。後を追うと、閑静な住宅地の一角は猫の広場。ここでは我が物顔で悠々と暮らしているようだ。

旧市街の海辺の住宅に行くとビビットカラーな商店があり、出入りしている客は猫。「やあ。今日は遅いね。さ、中に入ろう」なんて、猫同士が額をくっつけて挨拶していた。店の中で店主のおじさんが、その愛らしい客たちに無償のご飯をあげていた。

カラフルな色の壁を背景に絵になる猫たち

CAT Data

遭遇率 ★★★★☆

旧市街の人通りが少ない所や商店にいる

なつこい度 ★★★☆☆

寄ってきたりはしないけれど、人馴れしている

堂々度 ★★★★☆

人と猫の違いをあまり感じていなさそう

おっとり率 ★★★★☆

陽気な空気のなか、のびのびしている

猫が集まる商店。中では商店のおじさんが猫にご飯をあげている

54

グアナファト（メキシコ）

色彩に恋する街

旧市街の静かな通りを優雅に歩く猫

11,090km
From JAPAN
Guanajuato Mexico
Route From Japan
飛行機
(乗り換え1回)
バス
合計 19hour
必要日数 5Days
Hotel 有

グアナファトの街からピピラの丘
へとつながる階段で出会った猫

ピピラの丘の同伴猫

メキシコの北西部、中央高原に位置し、メキシコの中でもっとも美しいコロニアル都市だと言われているグアナファト。ヨーロッパのしっとりとした街並みに、ピンクやブルー、グリーン、イエローなど好き勝手な色をランダムに塗っていったみたいな華やかさと、重厚で厳かな建物がバランスよく融合している。

日中、多くの観光客で賑わう石畳の旧市街は、ピピラの丘から眺めると息を飲むほどの美しさだ。青空の下、連なる山々の裾に広がるのはまさに色彩の街。太陽の傾きにあわせて街も色味を変化させていく。やがて街から色が消え、穏やかなオレンジ色の光があちこちから輝き始めると、街中から楽器の演奏が響きわたる。

さあ、街へ降りよう。その道はわずかに暗い。それでも大丈夫。耳を澄ませば、足下からニャーン、猫の鳴き声がして、一緒に細い路地を下ってくれるのだった。

雰囲気のある扉の前に佇む
シャム猫風の猫

CAT Data

遭遇率

ピピラの丘〜旧市街地の道中にいる

なつこい度

ご飯をくれる人間以外には近寄らない

堂々度

2メートルくらい離れていれば堂々と

おっとり率

のんびりとして、あまり動かない猫が多い

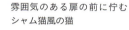

CHAPTER

06

南アメリカ

Peru ペルー
Chile チリ
Argentina アルゼンチン
Uruguay ウルグアイ
Brazil ブラジル

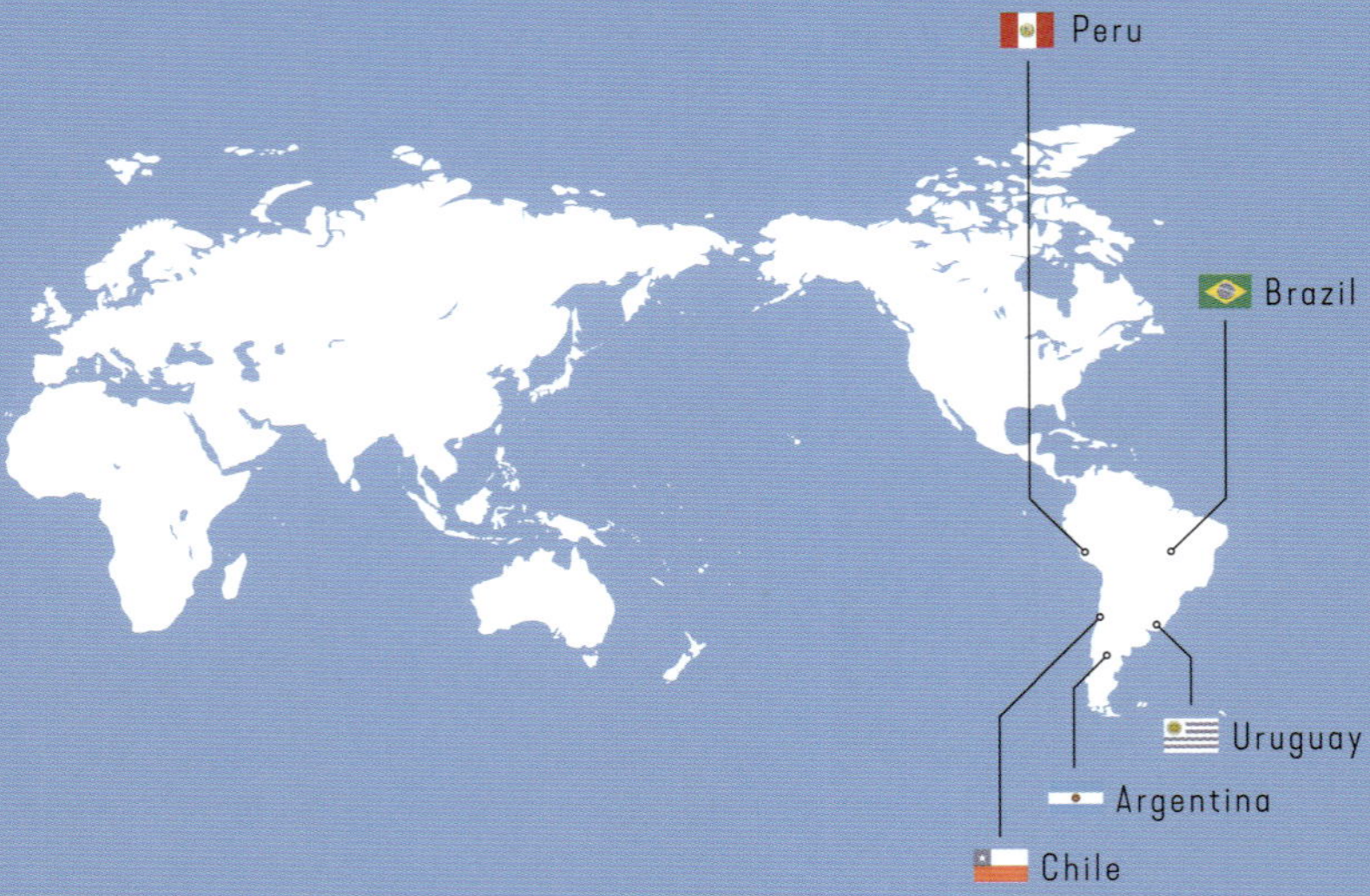

日本から地球の反対側へ。南半球に雄大に横たわる南米大陸を、ペルーからブラジルまで数ヶ月かけて旅をした。

アンデス山脈の高地から砂漠、氷河地帯に至るまで、そこには刻を忘れるほどの圧倒的な威容をみせる大自然が待っていた。そして、その大自然に暮らす先人たちが築き上げた街に行けば、オアシスのような癒しが得られた。特に街によって異なる独特の景観に心が踊る。五感が震えだして、慌ただしく感情を揺さぶられる。

その繰り返しが南米であった。そして、気づいた。どんなに自然が厳しいところであろうと、猫は人が暮らしを営む場所には必ずいる。

ペルーのチチカカ湖に浮かぶウロス島にも、チリ・アルゼンチンにまたがる寒さ厳しいパタゴニアにも。その猫たちは、コロニアル調の美しい街並みで出会えばおしゃまな猫に見え、大自然の中で出会えばどことなく野生的な猫に見える。ふっと出会える猫たちの存在は、その街の印象に直接的につながって心に残っている。

インディヘナの女性に遊んでもらっている人懐こい猫

インディヘナと猫

アンデス山脈の中、標高3400メートルの高地に佇む小さな街は、約300年にわたって古代インカ帝国の首都であり聖地だった。

1533年、スペイン人が街を征服しても、インカの建築は「カミソリの刃一枚も通さない」と言われるほどの技術でつくられ、全てを破壊されることなく今もコロニアル調の街中でもインカの名残を多く垣間みることができる。クスコを訪れる観光客にとっては、マチュピチュ遺跡へ行く起点の街でもあるが、気づけばクスコのひっそりとした安らぎの空気に癒され、何日も滞在してしまう人も多いようだ。

それにしても、空気が薄い。階段を上るほど、眼下に朱色の屋根が美しく広がっていくけれど、息はどんどんあがってしまう。なのに、猫だけはおかまいなしに、顔なじみのインディヘナの女性に遊んでもらいたくてじゃれついている。

CAT Data

遭遇率

宿の中や土産物屋あたりでわりと見かける

なつこい度

飼い猫なのか人に慣れているようす

堂々度

近づいたら堂々とすり寄ってくる猫が多い

おっとり率

マイペースでのびのびしている

55

クスコ（ペルー）

古代インカ帝国を記憶する朱色の街

Route From Japan

飛行機
（乗り換え2回）

バス

合計	25hour
必要日数	6Days
Hotel	有

クリームイエローの壁が可愛い土産物屋の前の低姿勢な猫

56

チチカカ・ウロス島（ペルー）

トトラで浮かぶ草の島

Route From Japan

飛行機
（乗り換え2回）

船
（現地ツアー）

合計	32hour
必要日数	7Days
Hotel	無

青々としたトトラの草が
気持ちよさそう

島唯一の爪研ぎ棒？

猫とインディヘナが一緒に暮らす生活

トトラの草の上で眠る猫

船が行き交う湖として世界で最も標高が高い湖、チチカカ。16世紀、その湖にスペイン征服から命からがら逃れ、身を隠す場所として先住民が作り出した秘密基地がある。それが、トトラ（葦）を幾つも折り重ね、チチカカ湖に浮かべた人工島だ。

トトラは水に浮かぶ性質がある。その小さな島に、いまだに10〜20人ほどの先住民が住んでいる。子供も多い。そして猫もいる。トトラの草の上を器用に歩き、売り物の民芸品とともに、ペルーを旅する者達を迎え入れている。しばらくすると、トトラでつくった家の前で、居心地のよい場所をみつけたのか、眠ってしまった。

CAT Data

遭遇率

小さな島から出る術はないはず。たぶん遭遇できる？

なつこい度

甘えてこないが、抱っこされたり触らせてくれる

堂々度

完全に島の家族の一員で、人間を怖がらない

おっとり率

小さな島ゆえか、おっとりマイペースな感じ

57

リマ（ペルー）

南米の玄関口、
コロニアルな街

Route From Japan

飛行機
（乗り換え1回）

合計	21hour
必要日数	6Days
Hotel	有

Lima Peru

15,500km
From JAPAN

美しい花が咲き乱れる中央公園で

夜になると、猫たちはいっそう活動的に

公園はリマ猫のパラダイス

南米を訪れる旅行者にとって、主要な空の玄関口のひとつとされるペルーの首都リマ。街は旧市街と新市街があって、世界遺産でもある旧市街はコロニアル建築の立派な教会や支庁がアルマス広場を囲うように構えている。ペルーといえば土着の先住民やインカ帝国と短絡的に想像していると、あまりにも美しい西洋の街並みに驚かされる。これはペルーの、いや南米諸国の歴史に刻まれた植民地時代の悲劇の産物だろうか。

もうひとつ驚いたことは、猫がたくさんいたことだ。新市街のミラフローレス地区に中央公園とケネディ公園があり、そこには数え切れないほどの猫が誰かしらにご飯をもらいながら暮らしている。公園入り口の門の両端で猫が人を迎えたり、美しい花畑の中からひょっこり猫のシッポがみえたりする。公園内で猫たちがそれぞれにくる人を喜ばせている。

CAT Data

遭遇率

中央公園とケネディ公園に行けば必ず会える

なつこい度

距離をとりつつ近づいてこない猫が多い

堂々度

公園の門の入り口やベンチの上などで堂々と寝ている

おっとり率

日中はじっとしていて、夕方にいそいそ動き始める

58

プエルト・ナタレス（チリ）

パタゴニアの大自然を味わえる風の街

Route From Japan

飛行機
（乗り換え2回）
↓
バス

合計	35hour
必要日数	7Days
Hotel	有

18,480km
From JAPAN

Puerto Natales Chile

南米の真夏に日向を好む猫

南米大陸の南緯40度以南はパタゴニア地方と呼ばれ、大自然が広がる。年中冷たい風が吹き荒れ、木々はまっすぐに育たない。生活するには過酷な環境だ。住民は夏の間だけその街に住む人も多いらしい。短い夏の僅かな期間だけ、民家の庭先には可憐な花々が咲き誇り、猫が太陽の恵みを気持ち良さそうに浴びて昼寝をしている。パタゴニアの国立公園でトレッキングをする観光客らが拠点とする街プエルト・ナタレスは、この時期にわかに活気づく。ただし日中でもダウンジャケットが手放せないし、猫も日陰より日向を好む。少し南下すれば、南極大陸なのだから、真夏とはいえ寒いのは当たり前のことなのだけど。

プエルト・ナタレスの雰囲気のある建物の前で佇む猫

CAT Data

遭遇率	なつこい度	堂々度	おっとり率
街の民家の庭先にいる	適度な距離をとりつつ、逃げない	近づくと、怖がってフリーズする	比較的じっとしている猫が多い

59

ブエノスアイレス（アルゼンチン）

美しく歴史的な街並みは南米のパリ

Route From Japan

飛行機
（乗り換え1回）

合計	28hour
必要日数	6Days
Hotel	有

首都で暮らせる猫たち

歴史的で美しいコロニアルな街だ。街中を歩いているとパリに似ているなと感じるところがある。夏には道沿いの木々も生い茂り、歩いていて気持ちがいい。ブエノスアイレスにきたら欠かせないのはアルゼンチンタンゴの鑑

賞だ。それもボカ地区やサンテルモ地区だと路上タンゴが観られるし、気づくと猫も一緒にそれを眺めているくらい、なんだかほのぼのとした空気があるのだ。

猫たちに確実に会いたければ、カルロス・タイス植物園は猫パークとなっているし、レコレータ墓地には死者を見守る番猫がいる。たいてい首都というのは外で猫をみかけないものだが、ブエノスアイレスでは、特に観光地とも呼べる場所に猫がいる。人の心にも余裕が感じられる、猫にとって居心地のよい街だ。

タンゴ発祥のボカ地区のカラフルな壁と猫

上　街中の美しい建物の前で佇む猫
下　カルロ・タイス植物園で出会った子供たちと猫

CAT Data

遭遇率

カルロス・タイス植物園やボカ、レコレータ墓地に行こう

なつこい度

中には近づいてくる猫もいる

堂々度

人間を気にしない猫もいれば、あっという間に逃げる猫も

おっとり率

マイペースな猫も人間を意識しつつ毛繕いしている

レコレータ墓地を守る
のんきな居眠り猫

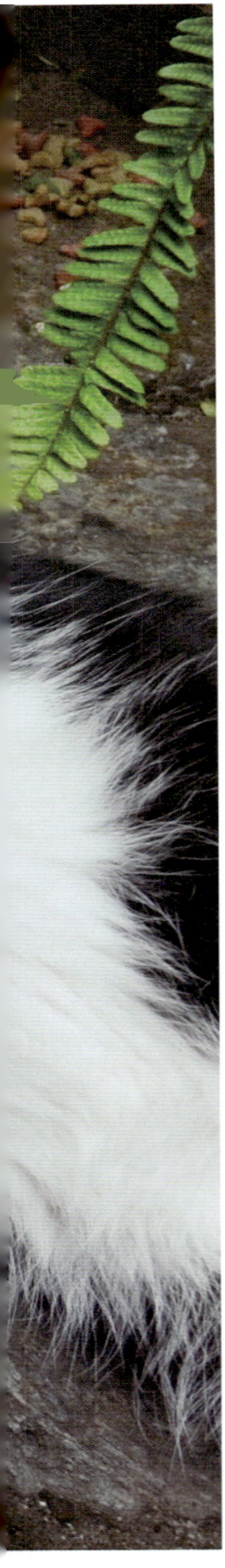

18世紀の街並をしのばせる歴史地区の年期の入ったピンク壁と黒猫

何百年もそこで暮らす猫

船からこの街に降りたつと、船上と同じようにさわやかな風を感じた。空気が綺麗。優しい日差しが降り注ぎ、ささやかな幸福感に包まれる。

小さな街の旧市街は、ウルグアイ唯一の世界遺産だ。ぼこぼこした石畳の小径をクラシカルな車がゆっくり移動し、同様に鮮やかな色彩が施された建物は華やかさよりは穏やかな時の流れの中で、ゆっくり歳をかさねているようだ。街の中を歩くにつれ、少しずつ旅の疲れが癒されていく。

突然、ピンク色の建物の小窓にある置物が動いたと思ったら、それは黒猫だった。アンティークのように、そして何百年も前からそこにいるかのように、あまりにも自然に、この街に溶け込んでいた。やがてピンク色の建物から人がでてきて中へと入っていった。

CAT Data

遭遇率

よく意識して探せば、歴史地区にいる

なつこい度

逃げはしないが、近寄ったら体を触らせてくれる

堂々度

飼い猫なのか人をあまり怖がらない

おっとり率

マイペースな猫たちが多い

歴史地区のアートギャラリーの中庭にいる仕草の可愛い猫

60

コロニア・デル・
サクラメント
(ウルグアイ)

南米でもっとも
穏やかな空気が流れる街

Route From Japan

飛行機
(乗り換え1回)

フェリー

合計	25hour
必要日数	6Days
Hotel	有

61

モンテビデオ（ウルグアイ）

日本から最も遠い異国の首都

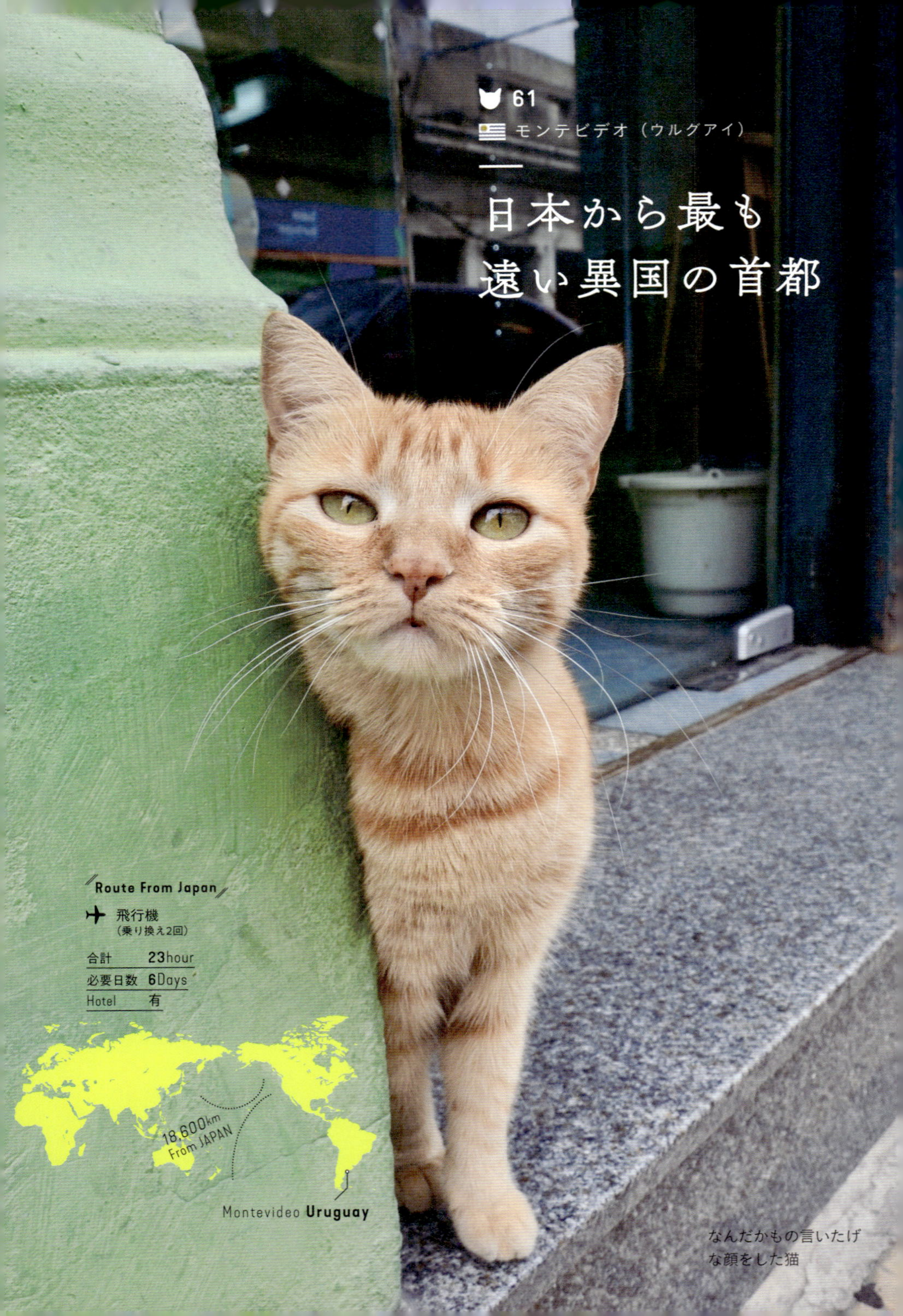

Route From Japan

飛行機
（乗り換え2回）

合計	23hour
必要日数	6Days
Hotel	有

なんだかもの言いたげな顔をした猫

猫が店の前で誰かを待ち続けている

イヤリングをしたい猫

アルゼンチンとブラジルに挟まれた小さな国らしく、こぢんまりとしているが、海から優しい風がふく、これほど穏やかな首都を知らない。街中に植民地からの独立を宣言した広場があり、中央に飾られた英雄ホセ・アルティガの威風堂々とした騎馬像の佇まいに、南米の悲劇と、独立を勝ち取った国民の誇りを感じる。1836年の都市計画により、独立広場を挟んで、西側が旧市街で東側が新市街とはっきり分かれている。魅力はやはり旧市街。美しい石畳の小径や植民地時代のコロニアルな建物、港の市場や公園、路上の骨董市など満載だ。

風の気持ちのよい夏の日、旧市街をぶらぶら歩くと、路上の骨董市で、美しい70年代のビンテージイヤリングをみつけた。可憐な花の形で、少しくすんだゴールドがこの街らしい気がした。少しだけ安くしてもらい、そのまま耳につけて歩く。海が近いある店の前で、お客さんを待っていた茶色の猫が、イヤリングをみてニャーとなく。「アナタの耳にも似合いそうね」と言うと、瞳をぱちぱちさせて、顔をぐっと近づけてきた。

CAT Data

遭遇率

旧市街の中でふと偶然出会える

なつこい度

人に興味があるのか近づいても逃げない

堂々度

まったく動じず、堂々としている

おっとり率

興味のあるものへまっしぐら

62

モジ・ダス・クルーゼス（ブラジル）

サンパウロ州の日系人の多い街

Route From Japan

飛行機
（乗り換え1回）

バス

合計	36.5hour
必要日数	6Days
Hotel	有

18,580km
From JAPAN

Mogi das Cruzes Brazil

大きな庭でひなたぼっこする猫

サンパウロの喧噪から離れた静かで清らかな空気に包まれた街。日系人が多く、日本料理屋や日本食材屋を多く見かける。日本語を話せる人も多く、移民してきた人々の時代に思いを馳せると、南米大陸にいながらも郷愁の念にかられる。20世紀はじめ、珈琲やバナナの栽培のために、大きな夢をもって日本から移民した人々の子孫が今も住んでいる。街は大きな家に大きな庭がある家が多く、家の中や庭を自由に歩き回る猫がいる。庭の木の上で、椅子の上で、陽光をいっぱいに浴びる猫は実に気持ち良さそうだ。

ある家の庭でも、猫を可愛がっているおばあさんとおじいさんがいて、綺麗な日本語で「こんにちは」と挨拶してくれた。遥か遠い異国で聞いた美しい母国の言葉。自分の中に流れる血が騒ぎ出す。

CAT Data

遭遇率

街中は見かけず民家にいる

なつこい度

人に慣れていて、甘えん坊が多い

堂々度

人に慣れている分、堂々としている

おっとり率

のびのび暮らしているようす

通せんぼうが好きな美人猫

素敵な平屋住宅と開放的な
庭で遊ぶ猫

63

リオデジャネイロ（ブラジル）

山と海、豊かな自然の中にある歴史的な街

サンバの流れる夜と猫

リオデジャネイロは、年間を通じて温暖で、真夏はアジアの熱帯雨林地帯とヨーロッパの

Route From Japan

飛行機（乗り換え1回）

合計 23.5hour
必要日数 6Days
Hotel 有

Rio de Janeiro Brazil

18,600km From JAPAN

リオの夜にくつろぐカリオカ猫

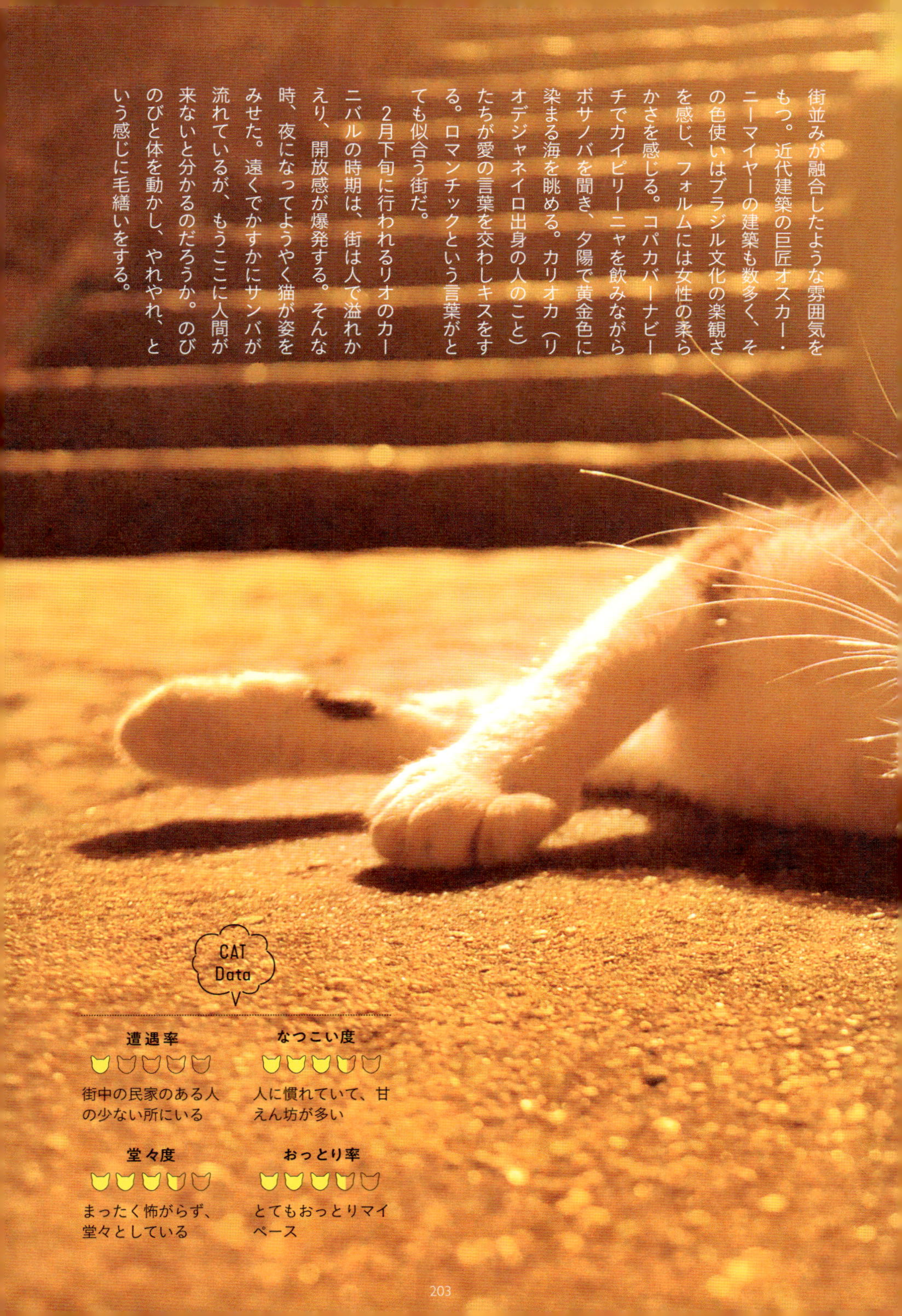

街並みが融合したような雰囲気をもつ。近代建築の巨匠オスカー・ニーマイヤーの建築も数多く、その色使いはブラジル文化の楽観さを感じ、フォルムには女性の柔らかさを感じる。コパカバーナビーチでカイピリーニャを飲みながらボサノバを聞き、夕陽で黄金色に染まる海を眺める。カリオカ（リオデジャネイロ出身の人のこと）たちが愛の言葉を交わしキスをする。ロマンチックという言葉がとても似合う街だ。

2月下旬に行われるリオのカーニバルの時期は、街は人で溢れかえり、開放感が爆発する。そんな時、夜になってようやく猫が姿をみせた。遠くでかすかにサンバが流れているが、もうここに人間が来ないと分かるのだろうか。のびのびと体を動かし、やれやれ、という感じに毛繕いをする。

CAT Data

遭遇率

街中の民家のある人の少ない所にいる

なつこい度

人に慣れていて、甘えん坊が多い

堂々度

まったく怖がらず、堂々としている

おっとり率

とてもおっとりマイペース

64

サルバドール（ブラジル）

活気みなぎる明るい石畳の旧市街

Route From Japan

飛行機（乗り換え1回）

合計	25hour
必要日数	6Days
Hotel	有

昼の猫、夜の猫

ブラジル北東部のバイーア州にあるかつての首都サルバドール。住民のほとんどがアフリカから渡ってきた人たちの子孫で、現在では混血や黒人が8割ほどにもなる。歩いていても、大きな体の黒人によく出会い、白人はほとんどみかけない。アフリカ文化の影響があちこちにあって、ブラジル南部とは雰囲気が異なる。街自体はポルトガルの植民地の影響を受け、ルネッサンス建築やバロック建築の美しい建物が目立つ。夜になると幻想的にライトアップされ、その美しさは一見の価値がある。夏の日中は真っ青な空が広がり、カラフルな街並みがよく映える。その中を猫が居心地のよい場所をもとめて彷徨い、日陰でじっとしている。夜になれば、活動的になって街中を堂々と歩き始める。

猫が動き出す、賑やかな旧市街の夜

CAT Data

遭遇率
街中でも猫は多いが市場にたくさんいる

なつこい度
人好きな猫もわりといる

堂々度
適度な距離を取りつつ警戒している

おっとり率
日中は日陰でじっとしている

Route From Japan

飛行機
（乗り換え2回）

合計 **30**hour
必要日数 **6**Days
Hotel 有

65

サンルイス（ブラジル）

美しいタイルに身を包む歴史地区

タイルに見向きもしないのも猫の自由

ブラジル北東部にあり、唯一のフランス人が築いた街で、その後ポルトガル領になった。旧市街の歴史地区はポルトガルからもたらされたアズレージョが残り、「タイルの街」として知られる。

美しいタイル張りの建物は、一軒一軒のタイルが異なり、隣の家と美しさやオリジナリティを競っているかのように、ひとつひとつが芸術的だ。タイルの美しい小径から外れた静かな石畳の道には、猫がいた。猫にとっては、タイルの美しさよりも、人間が少なくて居心地のよい場所のほうが好きなのだろう。それでも、猫がいるとその空間がタイル張りの街並みと同じくらい明るくなる。

CAT Data

遭遇率

旧市街ではけっこうみかける

なつこい度

人に慣れている猫は近づいてくるが稀

堂々度

様子を見ながらも、比較的堂々と

おっとり率

ややマイペース

街なかで遭遇した一番の美人猫

タイルの美しい街並みの一角から外れたところでくつろぐ猫

CHAPTER

07

アジア

Vietnam ベトナム
Philippines フィリピン
Thailand タイ
Macau マカオ
Hong Kong 香港
Taiwan 台湾
Russia ロシア
Japan 日本

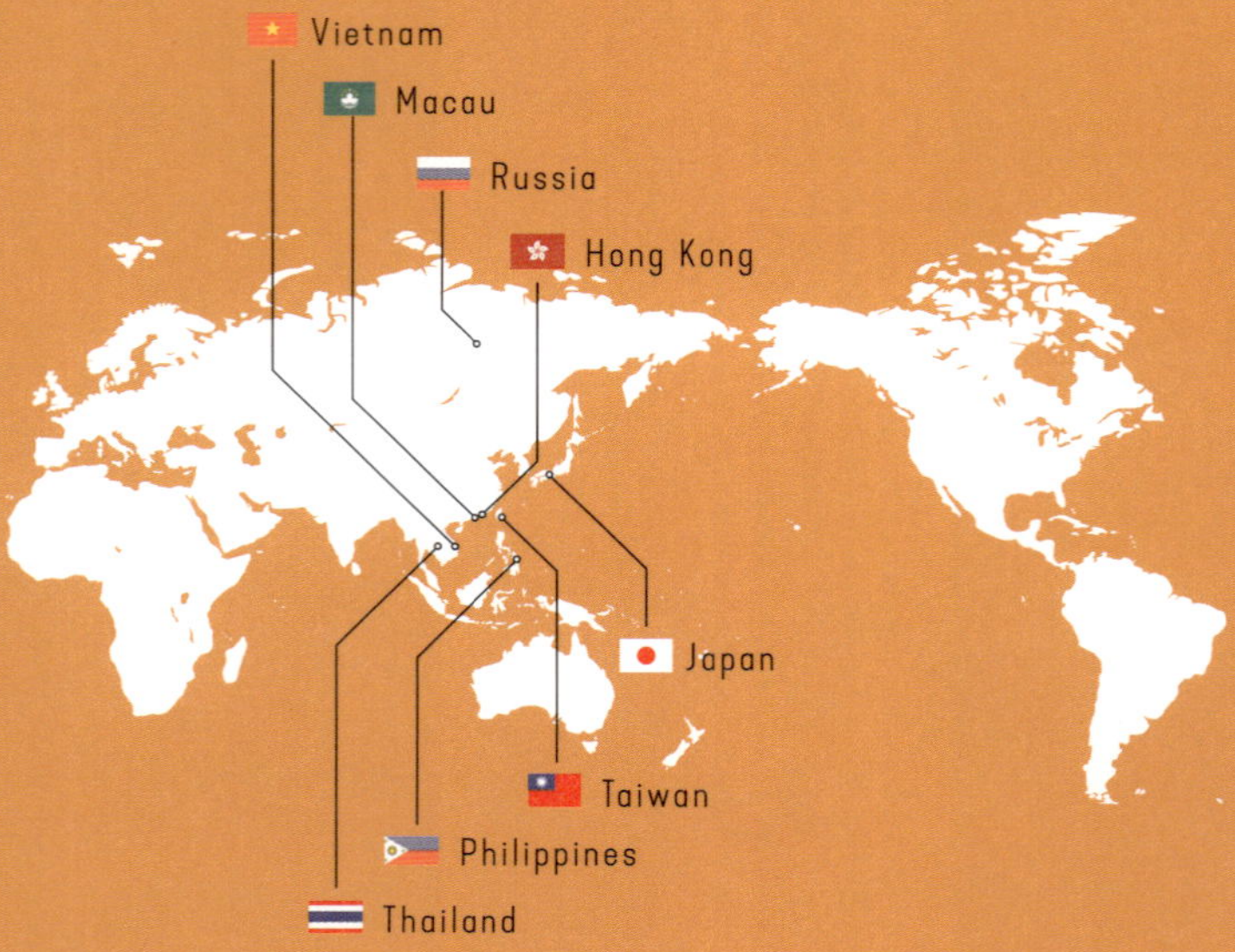

ざわめく音の海に沈むような街が、アジアだ。摩天楼、喧騒、新旧混合という言葉なくして、アジアは語れない。

経済成長とともに、建物は競うように高さを増して、煌々と闇夜を照らすネオンは晴天の星空のごとく妖しく輝く。このアジア特有の発展し続ける街並みに、いくばくかの郷愁を私は感じる。

いかに異国情緒満点の街へ行こうが、大自然に抱かれるような安らぎの街へ行こうが、やはり「アジア」に括られる街のひとつひとつは、生まれた母国を思い出させ、懐かしさに胸が切なくなるような要素を十分に秘めていると思う。

だから、アジアの街にいると、心が落ち着く。

そして旅の終着地。日本の都会を離れ、穏やかな海があるところにやってきた。ここは瀬戸内海の島だ。

日本は地方へ行くほどのどかで安らぎがある。当たり前だがアジアの街以上に郷愁を感じた。古い日本家屋が連なる情緒的な集落、その後ろでキラキラ揺れる朗らかな瀬戸内海。港をゆっくりと歩くおばあちゃんの後ろには猫がいた。なんて美しい街なのだろう。

Route From Japan

飛行機

合計	5.5hour
必要日数	3Days
Hotel	有

Hanoi Vietnam

3,670km From JAPAN

66

ハノイ（ベトナム）

心地よい喧騒の波にゆられる街

36通りにある雑貨屋さんの看板猫。
モデルポーズを決めてくれた

バイクにまたがる仔猫。とある店の子のようだ

カラフルな色彩に映える白猫

ベトナム北部の都市ハノイは、上下に長い箱形の家々がところ狭しと並び、レトロな街並みが可愛い。コロニアル調の家も多く、フランスの植民地だった名残がバルコニーなど随所に感じられる。活気ある街中をなだめるように、穏やかに広がるホアンキエム湖のまわりは地元の人々が集い、幸せそうな雰囲気だ。その湖の北側旧市街に、36通りという細い小道が網目のように張り巡らされたエリアがある。道沿いには、生活用品店やお菓子屋さん、調味料屋さんなどがのどかに立並ぶ。

　あるカラフルな雑貨屋さんで、お母さんが店番をしていた。その時、店内からスタスタ現れたのは、真っ白な猫。カラフルな雑貨の前に立ち、きらりと存在感を披露した。まさしく「看板猫」である。声をかけると愛想よく振り向いてくれた。

CAT Data

遭遇率 ●●○○○

土産物屋や商店など、飼い猫に出会える

なつこい度 ●●●●○

人馴れしていて、愛想がいい

堂々度 ●●●●○

が近づいても、物怖じしない

おっとり率 ●●●○○

とことこ動き回る猫が多い印象

表情豊かな愛らしい看板猫。
白い毛が美しい

67

ホイアン（ベトナム）

宵闇にランタンが灯る幽玄の街

床と柄がお揃いの可愛らしいおうち猫

猫が暮らす、ノスタルジックなランタンの灯る街

かつてオランダやポルトガルの商船が来航していた国際貿易の街ホイアン。17世紀はじめまでは日本人が多く住んでおり、日本町もあったという。現在は、約30キロ離れたダナンから多くの観光客が訪れる有数の観光地だ。ホイアンの街並みは、鮮やかな黄色の外壁をした建物が多く、夕暮れとともに灯るランタンが街の装いを幻想的に変えてしまう。

日中、ホイアンの住宅地をふらりと歩いていると、ある民家に出くわした。広々としたエントランス前に、猫がちょこんと座っている。レンガを積み上げた洋風な家

郷愁を誘う民家で暮らす美しい猫

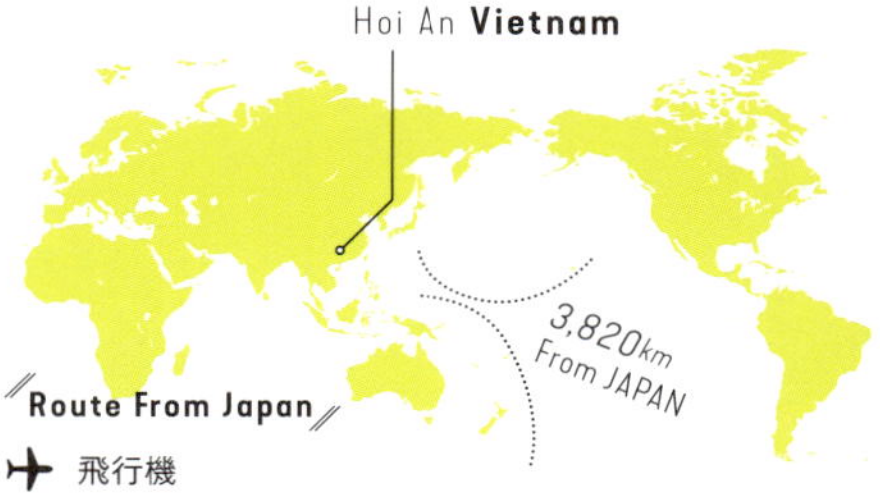

Route From Japan

飛行機
↓
タクシー

合計	7hour
必要日数	3Days
Hotel	有

CAT Data

遭遇率

メイン通りを抜けた民家では飼い猫に出会える

なつこい度

家の主人以外にはあまり慣れていないようす

堂々度

距離があれば基本的に堂々としている

おっとり率

安心だとわかればゆったりしている

だが、日本的に言えば昭和の時代を思わせるレトロな家具が郷愁を誘う。やがて民家からお父さんが出てきて、自慢の猫を見ていきなさいと、中へ招いてくれた。猫との出会いのあと、ホイアンの街はランタンの光に包まれ、幽玄の世界が広がった。

68

ホーチミン（ベトナム）

激動と躍動の歴史が物語るピースフルな街

カフェの二階テラスでマイペースに過ごすふわふわ猫たち

それぞれお気に入りの場所があるようだ

平和を想う、猫のいる穏やかなカフェ

南北2000キロの長さを有するベトナムで、南部にあるホーチミンは人口800万人超と東南アジアでも有数の大都市である。熱帯アジア特有の湿気と暑さと、モーターバイクが行交う喧噪の中にいると、アジアらしい旅情を覚える。一方で、ベトナム戦争の史実を伝える戦争証跡博物館など、忘れがたい負の遺産も目の当たりにする。

雨が降ってきたので、「オロミアコーヒー&ラウンジ」というカフェに入った。二階に猫がたくさんいるというので、階段を上り見にいった。コロニアル調の店内は、街中の喧騒とは打って変わり穏やかで、洋風の猫たちが実に絵になっていた。猫のありようが、平和なベトナムの日常を物語るようで安堵する。ホーチミンのカフェで、平和と猫の関係について思いを巡らすひとときであった。

CAT Data

遭遇率

街中ではたまに、カフェや店などでみかける

なつこい度

人馴れしているが、あまり甘えてこない

堂々度

はじめは警戒するが、徐々に慣れてくる

おっとり率

のんびりと過ごしている猫が多い

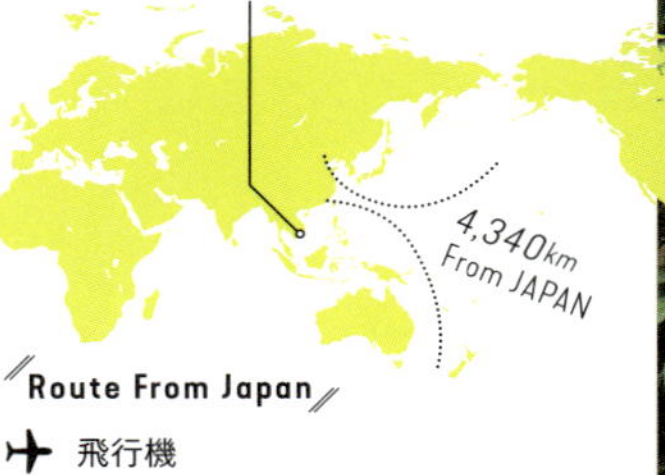

Route From Japan

✈ 飛行機

合計	6hour
必要日数	3Days
Hotel	有

69

セブシティ（フィリピン）

大航海時代に思いを馳せる海辺の街

Route From Japan

飛行機

合計	5hour
必要日数	2Days
Hotel	有

涼しい場所をみつけて、一眠りしようと目論む猫

要塞の中でせっせと働くそぶりを見せる猫スタッフたち

CAT Data

遭遇率 ★★★☆☆
街中でも一瞬見かけるが、要塞には確実にいる

なつこい度 ★★★☆☆
人馴れしていて、寄ってくる猫もいる

堂々度 ★★★★☆
人がいても物怖じせず、ゆったりしている

おっとり率 ★★★★☆
南国の島らしく、のんびりしている

潮風のよそぐ要塞で働く猫

美しい海に浮かぶセブ島は、ゆるりとした常夏の空気感と、アジア特有の喧騒感が混ざり合うフィリピン屈指のリゾート・アイランドだ。島の中心地セブシティは、1521年にポルトガルの航海者マゼランが上陸してスペインが入植を始めたとされるフィリピン最古の〝街〟だという。今もコロニアル建築の名残が随所に見られる。フィリピン最古で最小のサン・ペドロ要塞もそのひとつ。

エントランスで入場料を支払うと、足元には猫がきて、案内役をしてくれる。それから、次から次へとやってくる観光客に頭を撫でられ、写真撮影に応じるが、いつしか疲れたのか眠りこけてしまった。猫スタッフは現在8名いるそうだ。要塞の中は海からの潮風がそよいで、建物用途とは似つかわしくないがのどかな雰囲気に満ちている。セブシティの喧騒が嘘のように、穏やかで静かな時間を過ごした。

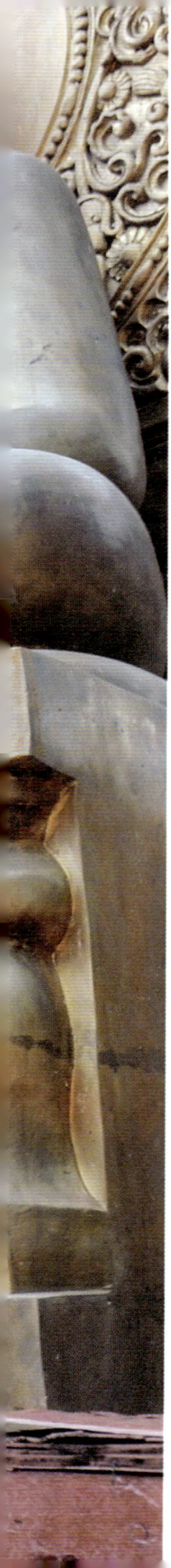

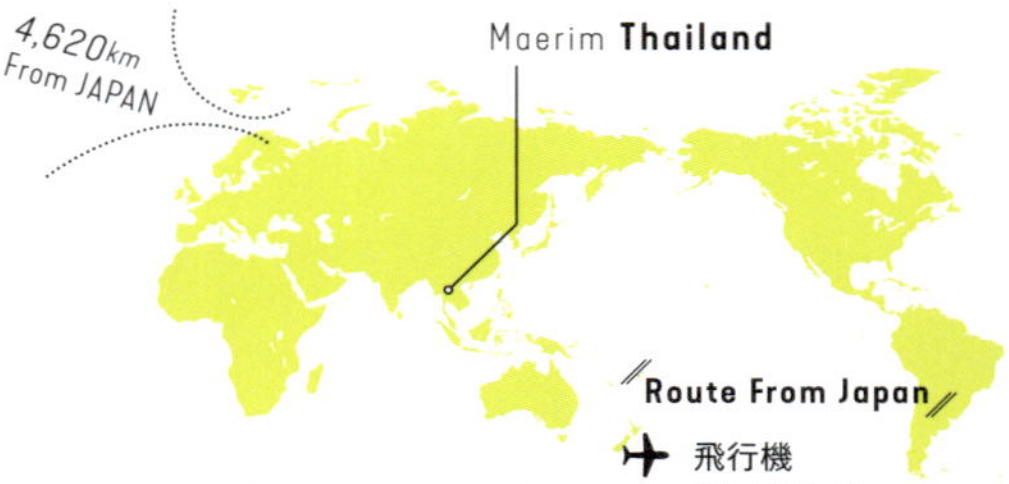

70

メーリム（タイ）

Route From Japan

飛行機
（乗り換え1回）
タクシー

合計	8.5hour
必要日数	4Days
Hotel	有

タイ北部の清涼で朗らかな村

立派な家族の一員である猫たち

チェンマイから車で40分程の場所にメーリムという小さな村がある。山間に田園が広がる美しい田舎だ。発展著しい首都バンコクの喧噪、排ガスの臭いやクラクションの音から逃れるにはもってこいの場所である。村の家はオープンな造りが多く、軒先でマイペースに昼寝をしている地元の人たちや庭先の猫が見えると、ふらっと立ち寄りたい衝動に駆られる。そんな旅人の興味が空気として伝わるのか、家の中にいた少女が白猫を抱っこして見せにきた。まるで、それが「ようこそ」という歓迎のポーズのように思えて嬉しくなる。気づけば少女の父親や母親までが、家の奥から別の猫たちをつれてきてくれる。家族全員集合の写真撮影が始まるかのように、いそいそと。

猫を見せにきた少女と犬

CAT Data

遭遇率	なつこい度	堂々度	おっとり率
★★☆☆☆	★★★½☆	★★★☆☆	★★★☆☆
村の民家や寺院で飼われている猫がちらほら	抱っこさせてくれる	人間よりは野良犬に対してびくびくしている	人間に慣れているのかマイペース

村の寺院で仏様のそばにいたい、
いい香りの花が好きな猫

71

マカオ（中華人民共和国マカオ特別行政区）

ヨーロッパの面影残る詩的なアジアの街

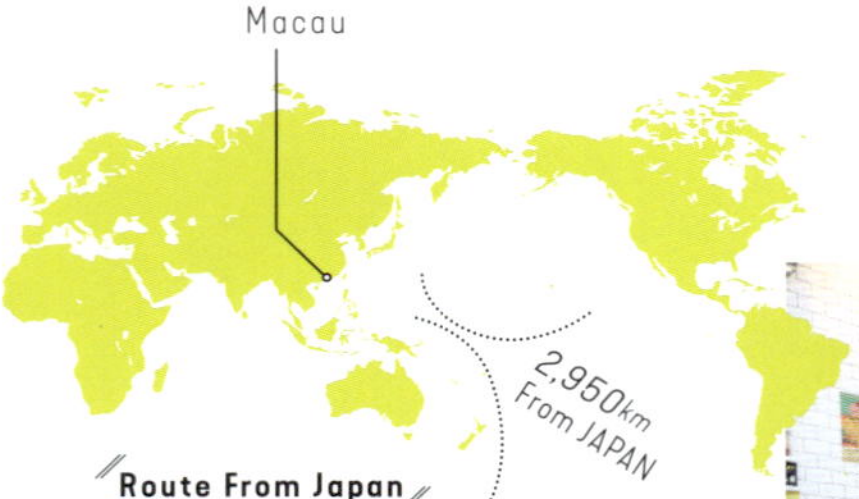

Route From Japan

飛行機

合計	5hour
必要日数	2Days
Hotel	有

ポルトガルの缶詰輸入店にいた看板猫

乾物屋の看板猫は美猫だ

おもちゃでひとしきり遊んでくれる、
サービス精神旺盛な猫

4980
斤$ 1780
斤$ 1900

ポルトガルの缶詰輸入品店の看板猫とツーショットを撮ってもらった

グルメ通りの看板猫

アジアにいながらにしてヨーロッパ最西の国、ポルトガルの気配を随所に感じるマカオ。ポルトガル伝統のアズレージョを使った壁やモザイク模様の石畳が続く道、輸入品店など、ポルトガルの植民地だった頃の面影が、アジアらしい活気ある街並みの中に溶け込んで、どこか詩的な景観をなしている。

ここは美食の街としての顔ももつ。マカオ半島のセドナ広場から近い福隆新街という通りはフカヒレ通りと呼ばれ、グルメに目がない観光客が多く訪れる。そこではマカオ名物とも言える、数々の乾物屋が軒を連ね、その店番をするのは猫だ。店の中をのぞくと、フカヒレの乾物の匂いが立ち込めるなか、店番猫が得意のおもちゃで遊びはじめ、お客を楽しませることに余念がないようだった。

「へい、いらっしゃい」と、貫禄を感じさせる看板猫

CAT Data

遭遇率

乾物屋や土産物屋などで出会える

なつこい度

人馴れしていて、触らせてくれる猫が多い

堂々度

看板猫だと自覚していて堂々としている

おっとり率

マイペースに客の相手をしてくれる

72

香港（中華人民共和国香港特別行政区）

摩天楼の森が広がる アジア屈指のユニークな街

Route From Japan

飛行機
（乗り換え1回）

合計	5hour
必要日数	2Days
Hotel	有

摩天楼の足元で暮らしている
白茶トラ猫

金魚街で働く猫スタッフ。「まだ開店前だにゃ」

金魚売りをする猫店主

アジアで、もっとも面白い街並のひとつと言われる香港。最先端の近代的なビルが林立しているエリアばかりかと思いきや、日本の昭和を思わせる古い団地がぎっしりと密集しているノスタルジックな界隈もあり、新旧が混在するユニークな街だ。イギリス植民地時代の名残で二階建てバスが走り、人も多く雑踏のなかに沈むような感覚がする。

九龍半島の「金魚街」という通りを歩くと、ずらりとビニール袋に入って売られている金魚や熱帯魚がいた。店をのぞくと、猫が入り口に立って客引きをしていた。「あなたが店主?」と聞くと、ちょこっと首を傾げて「そうだよ」と答える。水槽の中をすいすいと泳ぐ魚を前に、猫たちが店番をしている光景は、シュールさを通り越して微笑ましい限りである。

CAT Data

遭遇率
●●●●○
街中でも見かけるが、金魚街の店に行けば会える

なつこい度
●●○○○
人馴れはしているが、とくに甘えてこない

堂々度
●●●●○
猫スタッフとして堂々と店に居座っている

おっとり率
●●○○○
気分次第で客の相手をしてくれる

73

ホウトン（台湾）

猫村と呼ばれる
炭坑でにぎわった村

Houtong Taiwan

2,100km From JAPAN

Route From Japan

飛行機
↓
電車

合計	5hour
必要日数	2Days
Hotel	無

炭鉱の村だったホウトンの街、
測ったように対角線に座る猫たち

廃墟になった炭鉱の村と猫

猫の手にころがされる人間たち

親日国として知られる台湾で、親猫家の村がある。かつて炭坑の街として栄え、ピーク時には６０００人ほどの住人がいた活気のある村だったが１９９１年の閉山とともに人口は減少し、寂れてしまった。それが再び多くの人で賑わう村となるために、猫が大活躍しているのだ。１００匹とも２００匹ともいう数の猫たちが、親猫家の台湾人や観光客を村に呼び寄せている。猫はあちこちにいて、はるばるきた人たちを喜ばせるための演出を怠らない。足下にきたら「にゃあ」と甘えたり、目立つように屋根の上で居眠りして

上　ふと見ると、置物のように猫がいる
右　のんびりと毛づくろい中の猫

小さな猫寺のようなところにいた、猫神さま？

いたり、ベンチに座って「こっちきてよ」と催促してきたり、トイレに一緒に並んでいたり、炭鉱の歴史を伝えようと廃墟の中でモデルポーズを決めたり……猫に人が転がされているような、そんな村だ。

CAT Data

遭遇率

駅の上・下・中と、確実にいる

なつこい度

ほぼすべての猫が人が好き

堂々度

堂々すぎるほど、堂々としている

おっとり率

マイペースに動き回るか寝ている

74

ウラジオストク（ロシア）

日本にもっとも近い港町、大国ロシアの極東

噴水通りから裏路地に入ったところにいた猫たち

ミステリアスな街の猫路地

ロシア連邦の極東に位置するウラジオストク。日本から飛行機でわずか2時間半の、日本海に面した小さな港町だ。

街並は「日本からもっとも近いヨーロッパ」と謳われるように、社会主義国家特有の整然とした佇まいでありながらも、パステルカラーに彩られた外壁の建造物群は、はるか西欧を思わせる建築様式で異国情緒満点。海辺から続く観光客で賑わう噴水通りを歩くと、とことこと猫が急ぎ足で道を行き、細い路地へと向かう。路地の両側には、コミック本屋や雑貨屋がある安穏とした雰囲気だ。路地の奥まで歩くと民家があり、隣接するカラフルに色づけられたベニヤ板でできた小屋の上に、猫の家族が住んでいた。しばらくして民家からおばあちゃんが出てくると、嬉々として猫たちが寄っていった。

Route From Japan

飛行機

合計	2.5hour
必要日数	2Days
Hotel	有

CAT Data

遭遇率

土産物屋や裏路地に入ると出会える確率が高い

なつこい度

特に甘えてこないけれど人馴れしている

堂々度

警戒心は低めで、好き勝手過ごしている

おっとり率

のびのびとした印象の猫が多い

人通りの多い噴水通りを歩く猫

きらめく瀬戸内海をバックに集う猫とその影も猫

75

男木島（日本）

キラキラ輝く 瀬戸内海に浮かぶ 小さな猫の島

Route From Japan

飛行機
→
高速バス
→
船

合計	3hour
必要日数	1Days
Hotel	有

福を呼ぶ招き猫たち

海外の旅が長くなると、これまで平凡だった母国の魅力がはっきりと分かるようになる。

それは海外に限らず都会から地方へ、地方から都会へ移った多くの人たちが、もといた土地の善し悪しがわかるようになるのと同じだ。海外から戻り日本を旅するようになると、日本には外猫が多く暮らす地域がたくさんあって、人間と猫の共生がかなっていることに改めて気づかされた。海外で出会う猫たちが、異国情緒をいっそう醸し出す存在だったように、日本で出会う猫たちは、和の美しさをいっそう引き立たせてくれる存在だということも知った。

瀬戸内海で暮らす海辺の猫も、真紅の紅葉の下で眠る猫も、薄墨色の桜の下を歩く猫も、神社仏閣にいる猫も。和の猫というのは、ひいき目なのかもしれないが、世界で一番「福」を招いてくれるような気がしてならない。

CAT Data

遭遇率

数年前に全頭避妊、去勢されてから数が減った

なつこい度

人がくると多くの猫が近寄ってくる

堂々度

多少人間に対する警戒心もあるが、怖がらない

おっとり率

マイペースでのびのびしている

豊玉姫神社の参拝は猫の鳥居をくぐって福を招く

あとがき

世界を旅すると、猫に出会います。

美しい海の見える港町で、山あいの静かな中世の面影を残した村で、喧騒と活気みなぎる街角で、戦果に見舞われた街の跡地で。人が暮らしているところに、猫はたくましく、孤高に、ときに人に甘えながら生きているのです。そんな姿に出会い、猫に夢中になっていったのは、２０１２年に日本を飛び出して世界放浪の旅をスタートしてからです。

一人旅の気楽さや旅先の刺激がある一方、知らない土地にいて拭い去れない孤独感に襲われたとき、心に柔らかな癒しをくれたのは、その街で出会う猫たちでした。

「ねえ、知ってる？　ここがオススメだよ」とこっそり裏路地へと誘ってくれる猫がいたり、「疲れたなら、もっとゆっくりしたらいいじゃない」と先を急ごうとする私を優しく諌めてくれる宿の猫がいたり……

猫好きな旅人の妄想といえばそれまでですが、もし世界で彼らに出会っていなかったとしたら、私は今もなお飽きずに旅を続けているだろうか？と思うと、その答えは限りなく「ノー」に近いのです。

さまざまな街をめぐっていると、一つひとつの街の違いや個性というのは、そこで出会う猫に現れているように感じてきます。

「では、具体的に何が違うのか、言ってみてよ」と猫たちに聞かれても、明快な答えはな

いのだけれど、とにかくその見てくれや佇まい、雰囲気といったことが違うように思います。（猫には、「ふーん、そうかね」と興味なさそうに言われそうですが……。）
一つはっきりと言えることは、それぞれの街はそれぞれに美しさを秘めているけれど、そこに猫がいるだけで、街はいっそう意味をもって見えてくるということです。

気づけば、旅先の猫を撮るようになって丸8年が過ぎました。２０１５年に初めて猫と旅の本を出版したのが、本書の前身となる『世界の美しい街の美しいネコ』です。この時は、世界の猫たちと出会うことに無我夢中になって、自分の足で世界を巡り、3年ほどかけて撮りためた写真をまとめたものでした。

あれから、4年。私は今もなお飽くなき好奇心をもって、世界で、日本の各地で暮らす猫たちに出会いたくて旅を続けています。これは、私にとって限りなく幸福な旅路です。本書は完全版としてお届けすることになりますが、私の猫をめぐる冒険の旅は、続きます。

読者のみなさま、本書を手にとってくださって、どうもありがとうございます。世界中の猫と出会い、ファインダー越しに向けた猫愛からなる眼差しを、一緒に感じていただけたら嬉しいです。

２０１９年10月
小林希

小林 希（こばやし・のぞみ）

1982年生まれ、東京都出身。出版社を退社し、世界放浪の旅へ。1年後帰国して、『恋する旅女、世界をゆく—29歳、会社を辞めて旅に出た』（幻冬舎文庫）で作家に転身。現在も旅をしながら、旅、島、猫をテーマに執筆。猫フォトグラファーとしても活動している。また、瀬戸内海の讃岐広島に「ゲストハウスひるねこ」をオープンするなど島プロジェクトを立ち上げ地域おこしに奔走する。

著書に『泣きたくなる旅の日は、世界が美しい』『週末島旅』（ともに幻冬舎）や『美しい柄ネコ図鑑』『日本の猫宿』（ともにエクスナレッジ）、『週末海外』『大人のアクティビティ!』（ともにワニブックス）など多数出版。

みんなで島に行くオンラインサロン「しま、ねこ、ときどき海外」を運営。これまで世界60カ国、日本の離島は100島をめぐる。

著者Instagram/twitter　nozokoneko
web　http://www.officehiruneko.jp

世界の美しい街の美しいネコ

完全版

2019年10月22日　初版第1刷発行
2022年10月11日　　　第2刷発行

著者　小林 希

発行者 澤井聖一
発行所 株式会社エクスナレッジ
〒106-0032
東京都港区六本木7-2-26
https://www.xknowledge.co.jp/

問合せ先
編集　Tel　03-3403-1381
　　　Fax　03-3403-1345
　　　info@xknowledge.co.jp
販売　Tel　03-3403-1321
　　　Fax　03-3403-1829